# 感知·理知·自我认知

陈嘉映 著

北京日报出版社

图书在版编目(CIP)数据

感知·理知·自我认知 / 陈嘉映著. -- 北京：北京日报出版社, 2022.1 (2023.3 重印)
ISBN 978-7-5477-4113-9

Ⅰ.①感… Ⅱ.①陈… Ⅲ.①认知－研究 Ⅳ.①B842.1

中国版本图书馆 CIP 数据核字 (2021) 第 229000 号

责任编辑：许庆元
特约编辑：孔胜楠
装帧设计：陆智昌
内文制作：陈基胜

出版发行：北京日报出版社
地　　址：北京市东城区东单三条8-16号东方广场东配楼四层
邮　　编：100005
电　　话：发行部　(010) 65255876
　　　　　总编室　(010) 65252135
印　　刷：山东韵杰文化科技有限公司
经　　销：各地新华书店
版　　次：2022年1月第1版
　　　　　2023年3月第4次印刷
开　　本：880毫米×1230毫米　1/32
印　　张：10.375
字　　数：205千字
定　　价：58.00元

版权所有，侵权必究，未经许可，不得转载

如发现印装质量问题，影响阅读，请与印刷厂联系调换

# 序 言

近几年，我在首都师范大学、华东师范大学、复旦大学、上海交通大学以及其他一些场合以"有感之知""两类认知""感知与理知""自我认识"等为题做过报告，听过讲演的朋友、出版社的朋友，鼓动我把它们整理成书。入夏之后我开始投入这项工作，遂有了眼前这本小书。

这些相互关联的报告，以今春在华东师大思勉人文高等研究院的连续九个报告最为系统，我就以这些报告的录音整理稿为底本，加入其他讲座中的内容。我讲课前都会准备相当详细的讲稿，但到了讲台上通常都脱稿。有时讲得很啰唆，有时例子举得不佳，有时干脆讲歪了，成书之际，这些都在修订之列。但我还是想尽量保留讲座的口气，重复的阐论没有都改得精简，表述笨拙、粗放也多仍其旧，有的句子不尽合乎语法，只要意思通顺，就不去改动。由于授课情境和课堂时间限制，讲义里有些部分没有讲到或只简要提到，现在补入。尤其是对别家的引述和评论，讲课时因可能干扰思想流多半略过，这些也补入，有时补入正文，更多时候补做脚注。整理时调整了部分讲座内容，不分成一讲一讲，而是分成导论和十一章。听众的提问、评论，选出一些，置于相关章后。

像以往一样，对于外文引语的出处，我尽量都注汉译本，但引文可能是我自己的译文。

这本小书不是一部研究性著作，对所涉话题也没有求完备的打算，例如"推理"这个题目，多少本书也讲不完，而我只讲了一点点，所讲的自以为有点新意，或者是别人不常讲的。这里那里或有一得之见，但不敢奢望它们有多么深广的意义。即使触及一些深幽精微的旨点，我也没有停下来细细推究，暗中指望哪一位引发兴趣，捡起来，点石成金。讲座这种形式比较自由，比较宽松，这正适合我现在的心境，我常觉得现在的哲学论文，严肃认真有余，兴致不足，读起来难免有点沉闷。不过我很愿承认，有些讲论比较散漫，有些讲论即兴而发，未经审思，我自己也没有想清楚，凡此种种，读者不必过于认真对待，我在课程开始时就对学生说明，请他们更多把这个课程当作聊天来听，就是一个老教师对着一些学生讲讲他的思考、经验。当然，这些并不是拒绝批评的借口，实际上，若有读者衡之以较高的标准，愿意批评指正书中的讹误、不清、不尽，我会深感荣幸。

这本小书的缘起、成形，归功于很多同人——邀请我做报告的领导，为报告做事务安排的老师，参与讨论的学者、学生。我要感谢周雨彤、张宇仙、谭斌几位青年学子，她们把讲座录音整理成文；感谢刘晓丽和尹文奇通读全稿，提出了很多有益的修订建议。我要格外感谢肖海鸥和吴芸菲，她们参与了这本书成书的各个环节，并在审读全稿时增补了编者注。我要感谢理想国的主理人刘瑞琳。最后，我最应感谢的是我的听众和心目中的读者，若非你们愿意聆听，所有这些都不会开始。我讲得浮皮潦草，但背后往往有错综的理路，读者初读若感到不甚了了挺正常的。不过，即使不能顺利跟进理路，读者或许仍能感受到一种精神性的努力，在这个精神之音渐趋消歇的时代，即使不很像样子的努力似乎也不妨一听。

2021 年 9 月 7 日
于涞水鹅湖

# 重印说明

这本小书交稿之后,我在首都师范大学等处就"他心问题"又做过几次讲座,增添了少许内容,论证理路也有所调整。这个新印本中的第五章即根据这些讲座做了修订。

2023 年 3 月

# 目 录

## 导 论

论理词 / 4

两分不是分类 / 6

知的两分 / 7

感知举例 / 9

理知举例 / 11

既可以感知也可以理知 / 13

两分都只开了个头 / 16

狐狸会推理吗? / 19

## 第一章 视觉及其他:五官之觉(上)

感觉等词语跟外文词不一一对应 / 23

视觉的优先地位 / 25

认知语汇多半是视觉语汇 / 28

看达乎事物本身 / 29

whatness 和 thatness / 33

听觉 / 35

味觉 / 38

嗅觉，兼谈意识研究 / 39

## 第二章 触觉／身体知觉：五官之觉（下）

多种多样的触觉 / 47

客观、旁观 / 49

视角问题 / 50

亲密、切身 / 51

人分视觉型和触觉型 / 52

认知与反应，以及艺术 / 53

用手摸是主动探究 / 53

感觉到疼痛，疼痛才存在 / 55

对象的独立存在 vs 感知它它才存在 / 58

"外部世界问题" / 59

存在与实在 / 60

眼睛不感知自身 / 62

检查自己的眼睛，兼及贝克莱 / 63

手确定对象时也在感知自身 / 64

Zuhandenheit / 66

## 第三章　统觉及其他

不限于特定感官的感觉 / 73

笼统的感觉 / 75

预感、感觉与意义、判断 / 76

因果感知 / 77

时间感知、记忆 / 79

你怎么知道她是你妈妈？ / 81

一个与所有问题 / 81

## 第四章　感觉与料理论

感知的生理机制 / 87

生理学里没有感觉 / 89

机制探究是希腊兴趣 / 91

我们到底看到了什么？ / 93

直接感到和间接感到 / 94

在最有意义的地方看 / 96

种种看错 / 100

分析与周边环境 / 104

感觉的生理机制理论 vs 感觉与料理论 / 106

生理学之为机制理论 / 109

形而上学：把哲学混同于科学理论 / 112

## 第五章　闻知与他心

闻知　/ 119

闻知的源头　/ 121

语言能否传达感知？　/ 124

描述与表达　/ 126

描述不出切身性　/ 131

感觉本身　/ 134

感受质　/ 138

鲦鱼和蝙蝠　/ 144

语言与他心　/ 149

## 第六章　语言之为理知与感知的交汇处

对应与成形　/ 157

语词给出所是　/ 159

语词是感知与理知的交汇　/ 162

反心理主义　/ 163

维特根斯坦的"语词体验"　/ 165

贝多芬的形象　/ 167

语词形象　/ 168

象　/ 170

语词形象与语义条件有相似之处　/ 173

## 第七章　推知

语言使得推理成为可能　/ 181

一般事实　/ 184

系统的形式化程度高低不一　/ 186

语义推理和数学推理各有千秋　/ 189

狐狸会推理吗？　/ 192

感知是整体的，推论是分步骤的　/ 196

美元与密码，以及用法　/ 198

abcdef 转写成"我看到那儿有一个黑斑"不是翻译　/ 201

理解数学公式　/ 204

经验理解与专业领域内的理解　/ 207

感性-知性-理性　/ 208

无感的推理　/ 212

外部之知与内部之知　/ 213


## 第八章　感-知与感受

西方认识论的兴趣在知而不在感　/ 217

确定性　/ 218

公共性　/ 220

感本身就是知　/ 222

预感与反应　/ 223

感受　/ 224

## 第九章　系统理知

怎样推论出地体是圆的？　/ 230

系统理知——以几何学为例　/ 233

系统知识 vs 当用之知　/ 235

理知时代　/ 237

哲人　/ 239

理知时代落幕　/ 243

## 第十章　认知世界与认知自我

"认识你自己"　/ 253

你的认识是你的一部分　/ 256

不能单从视觉来思考自我认知　/ 258

触觉进路　/ 260

认识人在世界中的位置　/ 261

自我认知作为主题　/ 263

自我认知天然正确？　/ 267

自欺　/ 271

自我屏蔽　/ 273

自我认知是痛苦的　/ 274

面具　/ 275

自我建设　/ 277

# 第十一章　自知与信心

**自我认知作为自我的一部分**　/ 295

**两类认知**　/ 297

**禀赋**　/ 301

**信心和决心**　/ 304

导 论

首先非常感谢思勉研究院邀请我来讲这么一个课程，感谢王峰教授的介绍，也非常感谢选修这个课程的学生，还有从各处赶来听讲座的朋友们、大教授们。

课程准备得比较早，我曾经发给你们一个课程计划，但在继续备课的过程中，这个计划不断调整，实际的课程进程，讲到哪儿是哪儿。我尽量讲一讲这几年想得比较多的，当然跟以前想的会连在一起。以前我讲过的或写过的，为了连贯，我可能会提到，但是不会详细讲，否则的话不仅重复，而且授课时间不够用。所以，听众，尤其是不熟悉我的听众，跟下来会有点困难，不过，这本来也不是一个多系统的东西，就是一些想法吧。这些想法，现在在我们这个课堂上，因为只能东一点西一点讲，你们要是觉得哪里没有连上，或者哪个点没有完全听懂，不要觉得沮丧，那是因为我讲得不好。你们只要能够有点收获，哪里觉得挺有意思的，以前没这么想，现在这样想还有点意思，就够了，就不算浪费你们的时间了。你们就当我来聊聊一些想法，不是讲一个系统，更像一个读过几本书的老头儿跟你们聊聊有关感知、理知的一些事情。

## 论理词

我把这个课程叫作"感知与理知"。"感知"与"理知"这两个词都不算很陌生,可能"感性"和"理性"大家更熟悉一点、用得更多,两组词的意思差不了很多。

我以前用过"有感之知""有我之知"这样一些提法,"感知与理知"仍然是这样一个题目,是从前讲过的东西的一个延伸吧,或者说,讲得更细致一点。我把感知、理知、感性、理性、认知等这些词叫作"论理词",大家也可能把它们叫作哲学概念。"论理词"大概意思是说,平常没什么文化、不读哲学的人,不大会用这些词,反过来,谈哲学或者论理的人,几乎离不开这些词,总在用这些词。虽然论理的时候常用,但每个人的用法不一定相同,所以很难有一个公认的定义,或者反过来说,每个写作者都会重新定义一遍,那跟没定义也差不多了。就是说,论理词跟物理学术语、几何学术语不一样,它们没有大家公认的定义。很多论理词是从日常词汇中来的,例如感觉、性质、道德,看上去像普通语词,但每个哲学家会有他特殊的用法。在这一点上,这些词和我们普通的语词仍然不一样,普通语词虽然不一定容易定义,但意思似乎蛮确切的,因为日常用来交流,不能一人一个意思。我们的语言不是为哲学发展出来的,不是为反思发展出来的。所以,我们在用普通话语讲哲学的时候,会遇到很多困难。不断克服这些困难,恰恰是做哲学要承担起来的一个任务。哲学不是数学、物理学那样的学科,它不能创造出一种专属自己的语言；如果真的造出一种专属哲学的语言来，哲学工作会变得很顺溜，但是我们所关心的哲学问题就会消失，因为这些问题本来就不是从专门术语生出来的。我这个说法需要更详细的论证，我在别的地方论证过，这里讲不了很多。做哲学主要要使用日常交际的语言，另外一方面一直要跟这个语言缠斗。从事哲学的人，我估计都经验到了这一点。

我这里说的，是就所谓哲学概念笼统言之，说到感知等，这一点更加突出。你们也不要认为，这些词在哲学里用得乱，在心理学之类的科学里就比较清楚了。要我说，更乱，你去读读心理学，感知、感受、感情、情绪，几乎是随意加以定义。当然，心理学在哪种意义上是科学，它的哪一部分是科学，这本来就争议多多。

总之，像感知、理知这样的词，你不用特别去抠它们的确切含义，你去看这个哲学家那个哲学家怎么用这些词，如果用得乱七八糟就没办法了，如果他用得比较一贯，那么在用法上可以体现出在他那里这些词是个什么意思。

这些词日常很少用，但有时候也有人用，比如说感性认识、理性认识、理性知识，我们会说这个人很理性，那个人很感性。这些日常用法显然不能概括思想史上对理性、感性的界定。我们不能靠这些词的平常用法来了解它们的论理用法，但平常用法还是提供了一点儿帮助。每个哲学家对它们的界定都不一样，但都模模糊糊跟平常用法相连。

关于论理词，我就讲这么几句，我在《说理》第四章"论理词与论理"里讲得比较系统一点儿。

## 两分不是分类

感知和理知，这是一种两分。一说两分，你们立刻就要反对，据说西方人才两分，中国人讲天人合一。你这么说，不是先就分出了西方东方？再说，你天人合一，不也先有天和人的两分？要是天人从头到尾不分开，始终合一，那还说什么？庄子话说："既已为一矣，且得有言乎？"不分开你说不了人话，大小、多少、男女、老少、天地、阴阳，这都是我们小学一年级学的。两分不是哲学家的执念，不是西方思想的特点，没有这些两分，我们无法开始思想，无法说话。

只不过，大小不是分类手法，没谁把世上的事物分成大的事物和小的事物。大小用两点确定一条直线、一个维度，我们可以在这个维度上谈论各种各类的物事。"大小"在这里不是两个词，是一个词，size。大小不是分类，没谁傻到要把世界上的事物分成一半大的事物一半小的事物。

当然，两分有时候也是分类，比如说把人分成男人女人，男人女人不只是两个维度，也是两个类。动物有男女、雌雄两类，这事儿有点蹊跷，为什么是两性，为什么不是三性？到现在演化论也没搞清楚。主流答案是，两性交配增加了后裔的多样性，你要说多样性，三性四性岂不更好？¹我记得有些低级生物是分三性四性的，但演化来演化去怎么多样性倒减少了？倒是新近有的理论说，男人女人不是两个类，就是一个维度，其实性别不是2种而是26种。这个比较高深，我就没跟。

反正，天下的物事很难碰巧就分成两类，男女、雌雄是个例外，不是通则。一般的两分，分出阴阳什么的，是一种概念区分，不是分类，要说分类，也是在很弱的意义上分类。感知和理知不是为知识分类：有的是感知，有的是理知。要说给知识分类，物理学、生物学、心理学还有点像是个分类。

## 知的两分

我们知道，从古到今、从中到外，对认识、认知做出了好多好多区分。比如，刚才讲到感性知识、理性知识，我们年轻的时候很流行。类似的区分前人都做过，像帕斯卡啊、维科啊，甚至在任何哲学家那里大致都能找到某种类似的东西，是类似，不是完全一样。比如这样一种两分，在20世纪50年代之后特别流行，就是命题知识和默会知识，这个区分你们很了解，因

---

1 "如何才能理解为什么生物的性别总是两种呢？……如果真有什么理由让我们需要一种以上的性别，那么三种、四种都比两种更好。"出自：尼克·莱恩，《复杂生命的起源》，严曦译，贵州大学出版社，2020，第214—215页。莱恩提出了一个复杂生命起源的宏大构想，他也尝试基于这个构想来回答这个问题。他的书引人入胜，虽然我完全外行，无法判断他关于两性的想法是对是错，我还是想斗胆说，就我读到的，不宜说这个想法是最好的，但这是唯一一个称得上是想法的。

为郁振华老师是专家,这个区分讲了好几十年,像波兰尼、赖尔、郁振华,好多重要的哲学家都在讲。感觉往往是默会的,但也不能把感知等同于默会知识,把理知等同于命题知识,它们是从不同的角度来区分的。再比如罗素区分亲知(acquaintance)和描述之知,这是罗素的一个分法。再比如说在柏格森那里,他区分内在之知和外在之知,物理学这块我们是从外部看世界,生命体验是从内部去知。内在之知和外在之知有点像我们中国思想传统中的德性之知和见闻之知,比如像程颢批评王安石说他是从外面看相轮,他自己是从内部直入塔中。我没有经验过从内部怎么能看相轮,但程颢是这么说的。[1] 讲到中世纪,你可能会讲神启的知识,这又是一种分类,神启与自然,这是两种知识。

我还可以列举更多。你读哲学,可能会琢磨:那么,知识到底是怎么分类的?我一列举,你们就知道,没有"应该怎样给知识分类"这样一个问题。这要看你想干什么,你要想干这个事你就这样分类,你要想干那个事你就那样分类。这些分类都不一样,你不能直接就说柏格森讲的就是咱们理学的德性之知和见闻之知,但是,两者显然可以有联系,你可以从见闻之知和德性之知的区别去看柏格森的内在之知和外在之知,它们

---

1 程颢评论王安石谈"道":"介甫谈道,正如对塔说相轮。某则直入塔中,辛勤登攀。虽然未见相轮,能如公之言,然却实在塔中,去相轮渐近。"转引自:余英时,《对塔说相轮》,出自:《余英时文集(第8卷):文化评论与中国情怀(下)》,广西师范大学出版社,2006,第27页。——编者注

有点近似、相通，但并没有哪个知识就要这样分类，要看每个人他要讲的是什么。

这是一点。关于分类，我顺便提一下另一点，在这里是顺便提到，不是重点。一般说起来，比如内在之知和外在之知、感知和理知，这些两分法都不是正经的分类。

## 感知举例

关于两分法，到处会碰到误解，所以我顺便说一下。现在回到感知和理知。我已经说了，一开始下一个定义可能没有太多帮助，那就先看看字面：感知，通过感觉知道；理知，通过道理知道。字面上已经提示了大概的意思。

我们举一些例子来看看、来体会一下。现在，我在黑板上画一个方块，画一个圆圈，我问哪个是方的、哪个是圆的，3岁的孩子都知道。他怎么知道的？他通过感觉知道，他看一眼就知道。两种颜色，红的还是绿的？你看一眼就知道。如果你读过毛泽东的《实践论》，你可能记得那句话："你要知道梨子的滋味，你就得变革梨子，亲口吃一吃。"亲口吃一吃，说的就是感知是吧？给你讲一堆道理，不给你吃，你总是没办法知道，至少没有办法确切知道或者具体知道梨子是个什么味道。这些是感知。

这些例子讲的都是具体的感知，但感知还有更宽的意思，比如感知到危险，觉得这是个坏人。比如太阳东升西落，这个我们都知道，这是我们感知到的。但有些事情我们是通过道理知道的——理知——比如日心说。太阳不动，是地球在转，这个我们感知不到，在课堂上教给你天文学、几何学，你最后相信日心说是对的。别人举这个例子，可能想说明感知经常弄错，理知才是对的，这不是我的意思，这一点以后再谈，眼下我只想说，作为天学理论，日心说是对的，地心说是错的。但是我们在生活中仍然感知太阳升起来落下去，不感知地球在转，这些感知当然没有错。

再举个例子，我曾经举过一个折算美元的例子。我刚到美国的时候，买一样东西，都要算一算它值多少人民币。那时候美元比现在更值钱，美元兑人民币的汇率，比如说是 1:9。一顿饭 7 美元，我算一下 7 美元是多少，63 元人民币。这里有个问题：你知不知道 7 美元值多少？一方面，你知道，你要不知道你就没办法折算了。另一方面，你不知道，你要知道，你就不用折算了。在我们今天的论题中，你知道 3 美元值多少，你知道的是兑换率，这是理知，但你没有感知。你对人民币是有感知的，当然，你对 4000 万人民币可能没有感知。

实际上，我会说，我们对小的数字，比如 1、2、3、4、5，是有感知的，我们对大的数字，对复杂的数字，比如 2 的 32 次方，没有感知。这是更复杂的感知和不感知。对人民币这类感知超出了用眼睛感知、用手感知、用鼻子感知，这是一种笼统的"感知"，这个时候，我们讲到感知，就跟另外一个词很接近——经验。你经过了一个地方，啥感觉都没有，那你对这个地方的事物就没有经验，你得感觉到点儿什么才能说你有经验。

感知、感性的确跟经验连得很紧。我们常说到感性和理性这个对子，我们也常说到经验和理性这个对子。凡读哲学的都知道，在哲学史上，经验主义和理性主义是一组主要的对子。讲感知和理知，自然而然就会讲到经验和理性，这些都是我们题中的应有之义。你对人民币值多少是有经验的，你对美元一开始没有经验，所以把它折算之后你才知道它值多少。当然，在美国生活半年一年，你对美元值多少就有经验了，换句话说，你就直接感知到美元值多少了。

跟这个例子十分接近的是语言。我们对母语是有感知的，或者用有文化人的说法——对语言的经验。外语就不一定，我们刚开始学外语，特别是我这种当时年龄比较大的人学外语，靠一个词一个词死记硬背，一句英语，要把它折换成中文才明白它的意思。

这个我后面还要详细谈，会连带讨论翻译密码。电视剧里，地下共产党员翻译密码，他会翻译密码，他懂密码，但是如果不把密码翻译成汉语他也看不懂。这跟折算美元相像，还是跟学外语相像？这个以后我们慢慢聊。

## 理知举例

上面讲的是，有些事情我们是感知到的；下面讲讲，有些事情我们是通过道理知道的——理知。比如打针吃药这件事，药不好吃，打针更难受，但是我们接受，因为我们通过理知知道这对我们有好处，可是，你要给你的宠物猫打针，你很难说服它，它永远都不喜欢你给它打针，虽然打针能治好它的病。有些好处我们可以直接感知，比如吃块糖；有的好处，我们感知不到，得靠道理才能知道有好处。有例子说，有些大动物比如黑猩猩之类，它还真能接受给它包扎伤口或涂药，它最后还会感谢你，这些例子需要进一步证实，接下来还要进一步讨论黑猩猩在什么程度上有理知。这是我们论题中的当然之义。一般说起来，宠物猫大概不会知道也学不会吃药打针的这个好处，它感知不到。也没有办法用理知指导它，它没有理知，或者它的理知特别弱。

比如说，大家都知道正方形的边跟正方形的对角线不能公约，换句话说，两者的比是个无理数。这个你就感知不到。你能看出对角线比边长，小孩也能看出来；问能不能公约，再仔细看也看不出来。必须通过一个推理、一个论证，你才能知道。我们在中学时候都学过这个证明，一步一步证下来，你就知道了。

一样东西是红的还是绿的，我们一看就知道，紫外线我们感知不到，红外线我们感知不到，但是我们知道有紫外线、红外线。超声波你听不到，但你知道它存在，通过实验和科学理论知道。三维空间，我们感知得到，我们每做一个动作都靠这种感知。四维空间，我们感知不到，我们也许能想象四维空间在三维空间中的投影，但是没有办法感知四维空间。但是，现在物理学告诉我们有四维空间，甚至有十一维的，那个感觉不到，那个你是通过道理知道的，是理知的。

我们现在都知道，地体是圆的——地球，但我们一般感知不到地体是圆的，依我们的感知，天圆地方。但古希腊人知道地体是圆的，他们是通过一系列推理知道的。

比如我们现在都知道污染。大家都能感知到空气污染，除非你超级麻木；水污染却不一定，水又脏又臭我们能感知到，但有些化学物质超标我们就感知不到。土壤污染你感知不到，镉超标了，你感知不到，你通过仪器去测量、去分析才知道。政治家处理问题，不是只按照事情的重要程度来处理，他要考虑民众觉得什么更重要。我们有一句口号叫"增进人民的幸福感"，不光是要增进人民的幸福，还要增进人民的幸福感。所以他会把老百姓可以感知到的东西提到日程上来，比如空气污染，他会下功夫去治理。

最后还可以提到，我一开始讲到的梨子的滋味，这是在《实践论》里讲的。说到实践，我们也听到过实践知识和理论知识的区别，这也是一个大话题，我在别的场合讲过，现在也可以连着感知和理知来讲。理论之知、做理论，可能一开始有实践或感知的基础，但最后要做到从理知到理知，从道理到道理。

## 既可以感知也可以理知

我们一开始区分了感知与理知，有些事情我们靠感知，比如梨子的滋味、咖啡的香味；有些事情我们靠理知，就像紫外线。现在我来讲讲，有些事情似乎既可以感知也可以理知。

我在海滩上看见一块瑞士手表，或者看到一串新鲜的脚印，我就知道有人来过这个海滩——你没有看到人，但你可以推论出有人来过。推论大致可以和理知互换。理知就是从道理知道。现在，这个人走过来了，你在海滩上看见这个人了或者你在树林里见着这个人了。那么，海岛上有人这件事既可以是被感知的，也可以是被理知的。刚才讲到地体是个圆球这件事，对希腊人来说，他只能够理知，但是等有了宇宙飞船，宇航员在天上转一圈，他就看到地体是圆的了。你下围棋，对杀、死活形、收官，先收这个官子还是先收那个，初学者只能靠算，这个官子两目半那个两目，后来，你就可能有感觉了，你一看棋形就明白了。我们刚才讲到了折算美元这件事，一开始，我靠理知，后来慢慢地，我就能感知美元值多少。学外语也是这样，像刘擎这种，英语特别好，因为他从小就对英语有感知；像我这种，永远学不好，因为一开始靠背单词，折换，没什么感知，不过，学了好几十年之后，我还是培养起对英语的一点感知。

然后我们就会去想，密码专家最后能不能对密码有感知？——不用翻译，他看着密码直接就明白了。可能吗？我不知道，你们可以去想能不能。如果能，他就有点像我学外语或者我折算美元；如果不能，为什么？为什么有些事情不能？情况似乎是，有些事情我们通过熟悉，可以把理知到的东西逐渐转变成为可感知的东西，有些东西你似乎永远感知不到，像紫外线和四维空间，它们不会通过熟悉变成可感知的。为什么？

但怎么就叫最后能感知了？比如黑洞，我们对黑洞有感知吗？黑洞是天文物理学家通过一串公式算出来的，以前是一个假说，后来落实了，据称我们能够"观察到"宇宙中真的存在黑洞。但是，你放心，他并不是看到一个黑黑的洞。那么，他"看到"或者"观察到"是什么意思？是感知吗？他提出假说的时候靠的是一大堆数据，现在呢？射电望远镜观察到了，这可不是说像咱们普通望远镜似的，拿眼睛对着镜筒这一头就看到黑洞了。射电望远镜给你的还是一大堆数据。那么，过去没观察到，现在观察到了，区别在哪儿？头几年，科学家用了好几年的时间根据这些数据做成了一张相片，真就是一个黑黑的洞，让我们这些低一等的、没有理知只有感知的人能够看到黑洞。这当然好，但我想知道的是，这样的相片对天体物理学家有意义没有？他们已经知道有黑洞了，他们还需要这种感知吗？我是想问，理知走得这么远，还需要感知来辅助吗？我没去打听他们是怎么想的，真应该去问问。一件事情，我们如果不能感知它了，理知能走多远？我们是不是一直需要感知来辅助？[1]

感知和理知在哪些情况下能转化、在哪些情况下不能转化，转化和不能转化的界线、要求和条件都是什么？这些都是开放的问题。一开始我们把界线画在感知和理知之间，也许更有意

---

[1] 形象似乎总是能够帮助科学家推进理解。法拉第发明的电场图示法不仅让我们对电场怎样起作用"有了一个形象生动的直观概念"，还教会研究者怎样"在各种情况下用电力线的直观性质来计算电场强度"。参见：斯蒂芬·温伯格，《亚原子粒子的发现》，杨建邺、肖明译，湖南科学技术出版社，2018，第45—48页。

思的界线是在可以被感知和不可能被感知之间。因为，我靠理知知道美元值多少钱这件事不重要，美国人天生就感知美元；我靠理知知道英语也不重要，美国人天生就感知英语，只不过碰巧他是美国人。但有些事情却似乎是无论如何不可感知的，始终停留在理知上。又有些事情，似乎只能感知而无法理知，例如这种咖啡的香味，我一闻就知道，但没办法通过描述、刻画教给别人知道。

我举了些例子来大致区分感知和理知，没有定义，又举了些既能感知又能理知的例子。这些例子性质并不相同，不相同就对了，我们会慢慢讲这些不相同。

## 两分都只开了个头

我们的课题是"感知与理知"，一上来我们举了些例子，什么是感知，什么是理知，好像挺清楚的：红的绿的靠感知，紫外线靠理知。但后来，说着说着就有点乱了。这不完全是因为我啥都说不清楚，普遍都是这样的，一开头清楚，说着说着就乱了。我们要思考，要说话，免不了要做好多区分，好人坏人，男人女人。有的区分，是我们的语言里本来就有的，大小、多少、上下、来去，这些是人人都要用到的区分，当然重要。有的区分，是哲学家在概念考察层面提出来的。有些区分是瞎区分，不在事情的关节点上，你发明了一堆概念两分，没促进对事情的思考。有些区分很有洞见，一旦提出来，就是对思想的一个贡献。例如奥斯汀区分以言记事和以言行事，一提出来，大家就看到是个重要的区分，可以引导我们对话语做更深入的思考。

感知和理知不是我编的，也说不上是谁提出来的，这是哲学史上源远流长的区分，可以说，从哲学的第一天就开始做这个区分。就此而言，感知和理知天然是重要的区分。你想想，希腊人会不讨论感知可靠还是理知可靠这类问题吗？一直到今天我们还在讨论。在日常生活中，我们也常常区分感知和理知，有的人感知能力突出，有的人理知能力突出。理知能力和感知能力往往此消彼长，例如，大量阅读的人往往降低了人脸识别的能力。当然，有的人不是这样，我举个例子，达·芬奇的感知能力超强，理知能力也超强。一个时代也可能这样，希腊人的感知能力和理知能力都特别强。不消说，那样的时代或那样的个人我们会比较钦佩，我们也觉得特别有意思。的确，这两种能力有时候互相促进，例如，了解乐理的人往往更能感知音乐的微妙内容。很多语族只有红、黄、绿三个颜色词，这些语族中人意识不到蓝色的存在，学会了有蓝色这个词的语言之后，他们才能很好地分辨蓝色。[1] 理知能力和感知能力在哪些情况下互相妨碍，在哪些情况下互相促进，这应该也是一个有趣的话题。

当然，感知与理知的区分是个很宽泛的区分，哲学家会做出更加考究的区分，像帕斯卡的敏感之知和几何之知，就跟我

---

[1] 参见：加亚·文斯，《人类进化史：火、语言、美与时间如何创造了我们》，贾青青等译，中信出版集团，2021，第137页。——编者注

们所说的感知和理知差不多，只不过帕斯卡没有像我这样饶舌，他讲得更精简。你可以在哲学史上到处遇到这个区分，虽然不一定用"感知-理知"这样的题目。就是说，有些在别的题目下讨论的问题，你从感知-理知这个角度去透视也蛮有意思的。你还可能通过这种做法做出一点新东西，写一篇硕士论文。

不过，我最想说的还不是哲学史上的很多内容可以归到"感知-理知"题下，我想说的毋宁相反：看起来，大家都在讨论感知-理知，但各个哲学家的兴趣不见得完全一样。比如说，我一开始提到的罗素所讲的亲知和描述之知，听起来像是在讨论感知和理知，但罗素有他的目的，他是想通过感觉与料（sense datum）来建构形而上学，这肯定完全不是我要做的事。我肯定也有我自己的旨趣，就像脂砚斋评《石头记》："诸公之批，自是诸公眼界；脂斋之批，亦有脂斋取乐处。"一个话题，你到底要怎么讨论它，要走着看，要看你最后说出了什么。

这有一部分是因为，一个区分尽管重要，但它只是初步的引导，用这个区分进一步讨论问题的时候，其实有很多模糊的例子、交缠的例子。比如事实真理和逻辑真理，你兜里有几块糖，你非要拿出来数一数，但你要是知道左边兜里有两块糖、右边兜里有三块糖，问你一共有多少块糖，这个你不用查，你一加就行。这个区分很方便、很重要，做哲学的人人都知道这个区分，只要做概念考察，知道这个区分就会省很多麻烦。但是，这种区分无论多重要，都只是开了个头，下面的事情要比它麻烦得多，你会发现，很多例子，既不落在这头也不落在那头，例如，人皆有一死是事实真理还是逻辑真理？有点像我们的阴阳图，这边黑的里面沾了一点白的，那边白的里面又沾了一点黑的。

我们刚才说到以言记事和以言行事，一般都认为语言是在描述事态，奥斯汀发现，我们的话语有时候直接等于做事，比如说，牧师宣布你们两个现在结为夫妻，这话不是在描述任何事实，倒不如说它创造了一个事实。这个区分很有帮助，可是呢，奥斯汀做了这个区分，然后马上又发现，记事和行事有时候很难区分。奥斯汀是个特别挑剔的人，对别人、对自己都很挑剔。比如说，你想从那个门进去，我跟你说，门锁着呢。门锁着是对一个事实的描述，但在另一种意义上，很明显我是在劝阻你，是在以言行事，让你换一条路走。这里的要点是，你做了一个区分之后，又会发现不能把所有事情都放到这个区分之下去讨论，这不一定是抬杠，非要找出反例来，是敏锐还是抬杠，要看是否能推进思想。有的人找出反例，是要表明，一开始的区分是无效的，其实，找出反例，并不是要否认一开始做的区分是基本有效的、对我们有帮助，但是，停留在那里是不行的。

**狐狸会推理吗？**

感知和理知也是这样，一上来，这个区分很明显，但接下来我们会碰到一些难缠的问题。前面说，你在海滩上看到一串新鲜的脚印，你没有看到人，但是你可以推论出有人来过。现在，狐狸在雪地上发现一串新鲜的兔子脚印，于是它开始跟着脚印去追逐这只兔子。它是从这个脚印推论出有一只兔子刚刚跑过吗？狐狸是感知到的这只兔子还是推知到的这只兔子？答案是 Yes 或者 No 都会带来一些问题。如果你要说它是感知的，为什么它是感知的、我是推知的？说它是推知的也有麻烦，我们一般说理知是人类特有的能力，人类会推理，动物不会。好吧，你说狐狸特别聪明，能够推论，那我们要接着想下去呢，比如说蚊子，它闻到我们呼出的二氧化碳，它就循着分子的浓度找到我们了。你说狐狸或者黑猩猩会推理，我们勉勉强强能够接受，但是要说蚊子会推理，就把推理这词儿抻得太长、太远了。

我今天就结束在这个问题这里，今后还会回过头来讨论这个问题。我一路讲，一路扔出一些疑难问题：有些，我回过头来会讲讲我是怎么思考这些问题的；有些，我也没什么思路，或者，这次没时间讲，但我觉得一个话题也许有点儿意思，抛出来，你们觉得有意思，就自己接着去思考。

第一章

# 视觉及其他
## 五官之觉（上）

前面讲通论，把这个面铺开，说了说所谓"感知与理知"这个题目大概会覆盖什么样的范围。给出的是大线索，大线索下面要有很多具体内容支撑。我们街上人谈历史，三皇五帝到于今，只知道一些粗略的线条，历史学家写通史，也是给出些大的线索，但是他掌握很多细节，即使有些说法跟我们的看上去差得不多，其实会有微妙的区别，在关键的地方，我们往往失之毫厘差之千里。我们做研究，大一半功夫都在细节上，虽然我们也需要始终保持住大的线索。

上一讲讲了感知与理知，我今天稍微深入一点儿来讲讲感知这一部分。前面讲感知，是笼统的感知，不分看见的、听到的，还是摸到的，今天我讲得细一点儿，分开来讲讲五官之觉。

**感觉等词语跟外文词不一一对应**

我们中国人会讲看、听、尝、闻、触这五种感觉。西方人也讲这五种感觉，five senses，因为我们的身体就是长了这五种感官。我不懂佛学，佛学里讲八识，前五识眼、耳、鼻、舌、身，也就是我们所讲的看、听、闻、尝、触。

我们没有一个专门的词来概括五官之觉,中文会用感觉或者感知,英文里相应的词是 sensation,其实感觉、感知、sensation,不止于五官之觉或者五官之知。"感觉"这个词涵盖得更宽,比如感觉到危险,比如我觉得郁振华是个好人、刘擎是个坏人,我是看见的还是摸到的?而且,五官之觉也不见得都能叫作感觉,这点我马上会讲到。感觉、感知、sensation,用来概括五官之觉,这么用的时候是上一讲我提到的论理词。我们没有一个专门的词来概括五官之觉,所以只能用这个词。

在感知这个领域,感觉、感知,还有感情、情绪等,你会注意到,汉语跟英语、德语、法语——我所知道的两三种语言——的相应语词都不是一一对应的。"感觉"这个词你怎么翻译?sensation 或者 feeling 或者 sense,都可以,但跟哪一个都不是确切对应。反过来,英文译成汉语也没有确定译法。看、见、视、观,这些词也没有英文词跟它们一一对应。思考相关问题的时候,这一点值得记在心里,但我现在不去多说它。

一一对应,最简单的情况是,中国本来没有这个词,比如民主,以前中国没有"民主"这个词,它是专门造出来翻译 democracy 的,那肯定对得上。但我们用到的这些词,本来是汉语词,都有日常用法;有日常用法,它就不得不跟汉语中的其他词连在一起。即使我们从前不说感知,专门造出这个词来翻译 perception 或什么,因为感和知都是常用字,这个新词也会被汉语的其他语词拽过来,被感知啊、心知肚明啊这些词语拽过来，最后要编织在汉语的概念网里。

没有一个词能准确对上，我们不必为这件事过于担心，《战争与和平》里没几个句子能跟汉语句子完全对上，这并不妨碍我读了汉译本之后跟一个俄国人谈论这本书，能聊个八九不离十。反正，我这里讲的都是汉语词，虽然我会时不时参照外文词，你们脑子里也可以常常参照外文词来思考。

五官之觉，各方面的研究都不少，生理学、心理学、神经科学，哲学中讨论得也不少。我自己谈不上好好研究过，我只是就感知跟理知对照讲一点儿，会跟一些传统的哲学问题连在一起来讲。

五官之觉各有自己的特点，它们之间有很多差别。例如，视觉跟别的感觉不一样，尤其跟触觉是不一样的。我主要讲视觉和触觉，这两种感觉在好多方面是相反的。其他几种感觉我只是带到一下，如果大家觉得有意思，可以去研究。

## 视觉的优先地位

讲视觉，首先我想讲讲视觉的优先地位。视觉在感知中有突出的优先地位，讲感觉的时候，你去看书里面，一举例就举到视觉。视觉的优先性延伸很广，我们说到想象，最先想到的多半也是视觉意象，不怎么想到听觉想象、触觉想象，虽然在这些感觉那里也会有想象，对有些人来说，听觉想象或者触觉想象格外生动有力。但视觉想象的确非常突出，有科学家猜测，意识发展跟视觉机制是同步进化的。[1]这还带来一个问题：梦跟意识是什么关系？因为梦境里出现的差不多都是视觉内容。[2]不仅梦，我们活着好像就是为了看，所以老子说"长生久视"。

我们都记得亚里士多德的《形而上学》第一句，大概的意思是：人依其本性求知，欲求知识、知道。接下去讲的知就是视觉。比如说，我们喜欢看，人就是喜欢东看西看，而且他也不见得为什么而看，就是享受看。无论你在乡野间散步，还是在街头闲逛，总是东张西望，在看点什么。现在人不东张西望了，都低头看手机，他还是在看。有一个动物实验，把猴子关在一个密封屋子里面，饿着它。接着给它放进食物，同时打开一个窗口，结果，猴子虽然饿极了，但它不是先去吃东西，而是先趴在窗口去向外面张望。猴子着急去看，看看外面发生了什么。这是一种探究，看是一种探究（inquiry），看是主动的、探索性的。现今，人们喜欢讲信息（information），吸收信息，处理信息，这么讲，没有区分信息是落到你头上还是你主动去搜索信息，猴子东张西望，它是在主动探究，在主动获取信息。这个实验似乎给亚里士多德做了个脚注——我们喜欢看，我们喜欢探究。

---

[1] "可以推测，进化过程中，内心意识体验的萌发是和视觉信息神经处理机制的进化同步的。"出自：约翰·C.埃克尔斯，《脑的进化：自我意识的创生》，潘泓译，上海科技教育出版社，2007，第204页。
[2] "梦主要由视觉成分组成。"出自：恩斯特·波佩尔，《意识的限度：关于时间与意识的新见解》，李百涵、韩力译，北京大学出版社，2000，第106页。

实际上，亚里士多德的《形而上学》第一段里面的内容非常丰富。[1]如果我懂希腊文的话，我愿意逐句逐句地讲。

我们现代人会从演化论来看待看的这种优先性。比如老鹰的视觉特别出色，嗅觉就不那么好。老鹰发展出这样出色的视觉，你能想出它的道理——在上百米的高空，老鹰要去搜寻地面上的猎物，它不太可能凭嗅觉，空气一扰动，嗅觉无法准确定位。所以，老鹰一定优先发展它的视觉。相反，像深海鱼，深海里什么光线也没有，它的视觉就完全退化掉了，它靠振动、声音或者其他方法来感知。人的眼睛白天看东西看得很清楚，那是因为我们是在白天活动；像猫头鹰或者猫，它们的视觉在夜里也很灵敏，即使在夜里也还是有光线的，虽然对我们来说是漆黑一团。

据说，我们灵长类动物主要活动在树林的上一半，我们都见过猴子从一棵树跳到另一棵树，非常敏捷。要干这个，其他的感官不是特别能帮得上，最能帮上的是视觉，特别是所谓三维视觉，它要看景深和距离，于是就发展出三维视觉。

人类的色觉也相当出色，可以分辨很多种颜色。能分辨多少种颜色呢？看你按什么标准来说。有一种说法是，人类的眼

---

[1] 《形而上学》第一段："求知是人类的本性。我们乐于使用我们的感觉就是一个说明；即使并无实用，人们总爱好感觉，而在诸感觉中，尤重视觉。无论我们将有所作为，或竟是无所作为，较之其他感觉，我们都特别爱观看。理由是：能使我们识知事物，并显明事物之间的许多差别，此于五官之中，以得于视觉者为多。"出自：亚里士多德，《形而上学》，吴寿彭译，商务印书馆，1997，第1页。——编者注

睛能够分辨150万种颜色。人类分辨颜色仍然不是最好的,还是有一些动物比人类更能分辨颜色,有一种叫螳螂虾的动物,它比人能分辨更多的颜色。但是大多数动物分辨不了那么多颜色,比如,在狗的眼睛里,颜色的差别都很小,世界灰突突的。牛基本上看不到什么颜色,斗牛士拿红布来激怒牛,这只是个民间传说,以讹传讹,其实牛根本分辨不出红色或绿色,它看到的就是灰灰的一片。

对于我们要讨论的问题,这些都是奇闻逸事,我们主要不是讲这些。也许我可以从另一个角度来讲:我们要了解天空和天体,只能靠眼睛——毕达哥拉斯除外,而你们知道,自古以来,天上的事物对人类理性有多重要。伽利略因为观察天象眼睛瞎了,有类似结局的天文学家可以数出不少。不过,这仍然不是我要讲的,我要讲的是视觉在认识论、本体论里的突出地位。认识论、本体论,这些当然都是大词儿,不过,《形而上学》这部本体论的开山之作一上来就谈视觉的优先性,那么我们这么说也没有特别需要抱歉的。

## 认知语汇多半是视觉语汇

说到认识论,很多论者提到过,很多认知词汇就是视觉词汇。讲到知——知、知识、知道——的时候,我们最先想到的就是看——视觉。看见了,等于说知道了,你看见了吗?你看出来了吗?你还没看出来?我们在讨论问题的时候就这么说话。

想明白了，心里明白，思想透彻，明白、透彻也是视觉意象。"看"对于我们来说似乎格外清楚。这方面你们自己还可以想出很多很多例子。思想深刻，我们说他有"见识"。英文也一样，I see，"我懂了"。懂很多种语言的人告诉我们，在各种语言里，视觉词汇都跟认知词汇糅成一片。在希腊语里，"我知道了"叫eidenai (ειδέναι)，字面上就是"我看到了"。[1] 再例如，讲到认识，我们要避免主观臆想，要达到的是客观认识，主观、客观这些词里的"观"这个字，也把我们引到视觉上。我们的认知词汇基本上都是视觉词汇，这当然不是巧合，简单地说，视觉是理知化的，理知跟语言相连，这个我后面还会讲到。

## 看达乎事物本身

看跟认知连得那么紧，简直就是一回事。我看见了就知道了，这么说起来，我看见了，就不能只说我感觉。我看见郁振华进屋了，我就不能说我感觉郁振华进屋了。什么时候我们说感觉？你可以想想你什么时候会说你感觉有个人，比如说，你可能瞄到院子里有个影子一晃，你说，"我觉得院子里有个人"。但你看见有个人在院子里散步，你就不能说我觉得院子里有人。你要说我感觉院子里有人，那你是没学会汉语。你问

---

[1] 关于eidenai中知道、看到、感到的几层意思，参见：伯纳德·威廉斯，《羞耻与必然性》（第2版），吴天岳译，北京大学出版社，2021，第35页。

孩子：你怎么知道皇帝光着身子？小孩说，我看见了。你就不能再问，你看见了怎么就知道了？这话就不能再问了，看见了就是知道了。

讨论哲学问题的时候，我们常常用我们能这么说不能那么说来为某个观点做证，从古到今都是这样的，但有时候，我们又要提醒自己当心，不要被日常说法误导，这很纠结，同时也是做分析时有意思的地方。

你说你感觉院子里有人，那是因为你没看见人，你看见了影子，你听到了脚步声。宋太祖是不是被宋太宗杀掉的？不知道，斧声烛影，也许出了什么事儿。到底出了事吗？不知道，只有声音，只有影子。其他的感官所捕捉到的是一个存在者的影像或延伸或属性。感觉是感觉到线索，看见就已经是"是"了，看见直截了当跟"是"连着，跟存在连着。看见了这个东西就是直截了当看到那个东西的本尊。你看见郁振华，你看到的是他的存在。

说到存在、本尊，我就想到柏拉图的 eidos，想到"本身"，想到郁振华 as such。看到郁振华，就是看到郁振华 as such，听到郁振华的声音，就还没有达到郁振华本身。简·爱闻到雪茄的香味，看到月光下罗切斯特先生长长的影子，罗切斯特出场前，夏洛蒂·勃朗特写这些，就是要让我们读者在感觉的氛围里多停留一会儿。

书里说到感觉，说是有眼、耳、鼻、舌、身这五种感觉，视觉是五种感觉之一，但是在实际话语中，在我们现在讨论的这个上下文里，我们不能讲看是一种感觉。看到和其他感觉不一样。你看到的是狼，你听到的是狼的嚎叫。你听到汽车的声音，听到风声，听到狼嚎，而你看到的是狼这个东西的本尊。其他感觉似乎都只是捕捉到存在之物的一个标志，或者如果你学究的话，你可以说你听到了狼的一个属性。我嗅到了桂花的香味，你也可以说我闻到了桂花，但是实际上，桂花在墙的那一边。更普通的说法简简单单就是我闻到了桂花的香味，而不是我闻到了桂花。

你也许会说，我看见一个影子，那也是看见了一个什么，就像我看到一个人。这是一个影子，这一点是确定的，但这并不是我们平常说到确定性所要说的。说到确定性，我们说的是存在之物的确定性，而影子只是存在之物的一条线索。你可以看到火车本身，但你听不到火车本身，你听到火车的声音，这个声音只是火车的延展，你听不到事物本身，你只能听到事物的属性、事物的延伸、事物的象征。你是看到了影子，但是你看到影子的时候你感觉有人，你听到了声音你感觉有人。我看见一个影子，我听到脚步声，这跟我看到刘擎的本体，地位是不一样的。你看到了影子，你的探究没有终止，你探究的意图不是要看到影子。你会问，影子是什么东西的影子？脚步声是什么东西在走动？但你不会问：刘擎是什么东西的刘擎？狼是什么东西的狼？

看到一个影子和看到郁振华在语法上是一样的。但是，在所谓的哲学语法上，它们是不一样的。我看见一个影子。影子一闪,我不能说我知道院子里有人,这话说多了,看到一个人就是看到一个 eidos,看到一个影子不是看到一个 eidos。实际上,柏拉图讲的理念(eidos)[1],差不多就是对着影子说的。你会想,我不能说我知道院子里有人,但是我还是知道一点什么,我知道院子里有个影子。看到一个影子,当然这是一个确定的影子,但这话就像啥也没说,因为影子本来就是个不确定的东西。"我知道院子里有个人",这话清楚,没问题,但是如果你要说"我知道院子里有个影子",这话听着有点别扭。我们都知道,"知道"(knowing)这个词除了种种其他的联系之外,它还有一个很强的联系,就是要跟确定的对象相联系,所以知道影子这个短语在语法上没有错,但听起来怪怪的。你看到郁振华,事情到此为止;你看到影子,是,你看到了影子,但影子还指向某个东西,指向一个人或者什么。用波兰尼的话说,一个是存在性的,一个是指称性的。[2]"我们感觉到了那个东西",那个东西不是一个什么,还不是一个独立的存在者。感觉到的东西背后有一个它所意涵的东西。

我可能说得有点儿啰唆,多说了几句,因为这么谈的人比较少。

---

[1] 我这里说的是柏拉图理念论的通俗版本。认真的论者无不指出柏拉图对话中有对通俗理念论的中肯批判,例见:理查德·大卫·普莱希特,《认识世界:古代与中世纪哲学》,王俊等译,上海人民出版社,2021,第 143、146 页。
[2] 参见:迈克尔·波兰尼,《个人知识:朝向后批判哲学》,徐陶译,上海人民出版社,2017,第 69 页。

## whatness 和 thatness

视觉在五官之觉中有一种特殊的位置，这可以从生物功能或者演化论来说，它有一种特殊的重要性。我们现在讲的优先性跟这种重要性有关系，但是我们不是沿着这个路线在讲，我们讲的是看和事物本身相联系，其他感觉则好像是跟事物发出来的那个东西相联系，只是事物的一个标志。这更像是一种认识论-存在论上的优先性。实际上不只是优先、高标特立，而且它在范畴上不同于其他的感觉——我看到了什么就是什么。

这是视觉不同于其他感觉的一方面；但是另外一方面，视觉也像嗅觉、触觉一样，有感觉内容。从视觉内容说，你看见的不是刘擎，不是一个男人，不是事物本身，你看到他的表情、他的体貌，看到他衣服的颜色，看到他背后的窗户、他旁边的人，你看到的甚至不是这些，你看到的是色块、线条等，看到五光十色、色彩斑斓。这里你要做一个区分。你看到了什么？这里有两个什么，一个什么是"是什么"，一个什么是感知内容，好多色彩、线条、比例等。乱花渐欲迷人眼，你还看到花，等眼睛真正迷了，你看到了点儿什么，但说不出看到什么。你也许可以说，我看到了五彩缤纷，看到了熙熙攘攘，这没有说出 what it is。

这些视觉内容，就是画家要画给你看的东西。比如他画拿破仑，他不是要让你认出那是拿破仑，他是要让你看到画面中的色彩与线条，他画的不是拿破仑示意图；玛格丽特画一个烟斗，但他不是在教你认字，指物识字，认出这是一个烟斗。在这个意义上，视觉艺术跟一首交响曲是一样的，贝多芬作《英雄交响曲》，不是让你听出来，哦，这是拿破仑，他是要让你听这首曲子里的每一个声音。现代主义绘画更加突出这一点，有意识地强调它不是在表现"什么"。你跑到美术馆，看一幅抽象画，问他画的是什么东西，人家就笑话你老土了，笑你不懂艺术。他不是要画出个什么东西，他恰恰是要去掉那个东西，让你直接面对感觉内容。你像听到一些声音或者看到一些影子那样去感觉，有感觉就对了。看出那是一样什么东西就错了。

　　反过来，事物本身，as such，却好像是无形无色的。按说，eidos 本来的意思就是一个形象，形象总是有感性内容的，但到了柏拉图的理念那里，这个理念是没有感性内容的，不是花花绿绿的，那个形象是个纯形式，一个"是"、存在、理念、事物本身。柏拉图想把我们引向纯形式，但他选用 eidos 这个词，eidos 的意思是形状，德谟克利特说到原子的形状，用的就是这个词，而形状当然有感性内容，这是方的那是圆的，你一看就知道。这么一来，一方面 eidos 似乎是纯粹理知的对象，可另一方面又暗暗带着感性内容。这里面有个诡计，有不少可挖掘的东西。我后面会讲到，希腊人设想的纯形式，还不是今天纯粹数理的东西，不是图灵机，柏拉图的理念仍然是有感性内容的。

我们可以区分两大类的看到，或者说，"你看到了什么"有两种回答：whatness 和 thatness。从 whatness 说，你看到刘擎；从 thatness 说，你看到颜色形状。whatness 回答事物是什么，对应于 Sein、being，在这个方向上，看有一种不同于其他感觉的本体论地位；thatness 回答感觉内容，在这个方向上，看跟其他感觉是同类的。视觉有这两个方面，可以说，视觉就好像处在感知跟理知的交汇处。一方面，如果我们把是-存在当作我们认识的目标，视觉似乎只是一个认知通道；另一方面，视觉就是一种感觉，它像其他的感觉一样，有让人眼花缭乱的内容。

我提到这个，是因为有相当一部分思辨上的混淆，是由于混淆了"你看到了什么"的两个不同的指向。这个话题现在我只说这么几句，你们也许没跟上，这没关系，后面谈到语言的时候我会回过来谈这个话题，因为这种特殊的本体论地位实际上是属于语言的，视觉拥有这种特殊地位，是因为视觉是高度语言化的。

**听觉**

我们讲了讲视觉，现在讲几句听觉。

听觉当然是一种极其重要的感知，尤其对人类来说，言语是由听觉接收的，音乐也是用耳朵听的，言语和音乐对我们有多重要，我不必多说。这也使得人类的听觉十分特殊：人类对语音的分辨能力极高超，在千百人里，你可以轻易听出一个熟人的声音，你能够分辨几十人、几百人的不同语音，知道是谁在说话。生理学直到现在好像还没有能够充分解释这种能力。我们听语音的能力应该跟听音乐的能力有密切关系，跟视觉感受相比，听觉感受似乎有一种很内在的东西，跟不同的情绪相连，有一种温柔的、惆怅的调子，如所周知，一段音乐会把我们带回到童年、少年的情绪，不一定带回到一个特定场景，但是带回到少年时期的一种情调。

我们可以从不同的角度来区分各种感官，其中一种分法是区分远距离感官和切身感官。在感官分类里，眼睛和耳朵都属于远距离感官。但听觉和视觉有很多不同之处。我刚才说到，我们看见郁振华就是看到郁振华本身，听到郁振华的声音则还不是听到郁振华本身。这似乎跟看和听之间的另一个区别相连：我们可以看到静止的东西、静止的画面，声音却总在运动之中。我们可以看到静止的东西，也可以看到运动的东西，例如飞驰的汽车，但对于本体论的看，看面对的是静止的图像、形象，看到的是 eidos，是理念。柏拉图确切地说，eidos 是不动的。自古以来，being 就跟静止连在一起，being 跟 becoming 捉对。[1]所以，眼睛和耳朵这两种远距离感官，只有眼睛是配得上存在论的感官，因为只有视觉能够看到静止的东西。

---

[1] 参见：海德格尔，《形而上学导论》（新译本），第 4 章第 1 节，王庆节译，商务印书馆，2015，第 96—99 页。

汽车在动，郁振华在走动，但汽车本身、郁振华本身是不动的。郁振华本身，他的 eidos，就像你看他的肖像画，虽然在现实生活里，你从来没看见过纹丝不动的郁振华——至少他要眨眼吧。不动的 eidos 才能是事物本身、事物的理念。什么是郁振华本身？你要把郁振华的所有属性都去掉，剩下来的物自体是他本身。你从来没有感知到郁振华本身，你每一次看见的，是郁振华坐着或者站着或者在走动，看见他在举手或者在写字，你从来没有看见过那个物自身（thing-in-itself）。本身是一件完全属于理知方面的事情，或者我也会说，完全属于语言上的事情。但是，我们普通人不能完全离开感知去了解一件事情，伟大的哲人需要在感知中给我们一点儿提示，就像教皇允许在教堂里供奉偶像似的。那么，视觉就是这个提示。

视觉是个适当的比喻，就好像你看见一个静止的图像。声音始终在运动、改变。只有看能够面对静止的东西，听就听不到一个静止的东西。声音永远在活动，在变化，你才能听到。也许有一种声音是静止的，那就是诗人所说的寂静之音，大音希声，这个说法太深，这里讲不了。

从这里，你就能想象，我们的看是跟空间连在一起的。如果世界不被空间化，它就总在运动、活动之中，世界就是一个 becoming。直到你把这个世界空间化了，你才会有这个 being，才会有它是什么。如果我在这里做一个跳跃的联想，一个是巴门尼德的视觉的世界，一个是赫拉克利特的运动的世界。就我们实际的生存来说，我们生存在 becoming 的世界里、赫拉克利特的世界里，每分每秒，世界在变，或者我在变，大家都在变，这是我们生存的世界。但是，当我们要去寻找那个 eidos 的时候，我们就得让世界静止下来、停下来，我们才能够有那个 being。这个静止，不是跟运动平行捉对的静止，而是超出运动-静止之外，它是一个词、一个逻辑单位。空间关系是一种逻辑关系，就像语言里两个概念之间的关系。

静止和运动不是一组平行的对子，静止是根本的，运动是属性、是后来发生的、是有原因的。或者这么说，巴门尼德和柏拉图所说的这个静止，跟作为运动的对立面的静止不在一个层次上。后来，科学革命重新定义了静止和运动，但更加根本的是，它取消了存在论，只考虑跟位移运动平行的静止，不再考虑位移运动之上或之下的那个静止。这是个大型的观念转变，我们这里不做太深的追究，只是话说到这里，不妨提一句。

**味觉**

听觉就讲这么几句，现在再来讲讲味觉，只讲一点点。

从认识世界的角度看，味觉没有那么重要，神农尝百草，说的也许是尝试，不一定是品尝。但从享受生活的角度看，味觉很重要，人生在世吃喝二字，吃喝都需要味觉。人们早注意到，汉语里味觉的词汇格外丰富，用法也广——玩味，心里不是个滋味，尝到甜头，尝尝苦头，等等。品尝、尝试、品味、味道这些词，内涵都不简单，译成外语，跟味觉的联系多半会失去。

所以，把咱们说成是"舌尖上的中国"，说得挺对的。你们自己去琢磨，能不能由此得出"中国人更倾向于具身认知"这个结论。但关于味觉，我不多说，咱们华师大有个贡华南，是味觉哲学专家，你们可以多听他说。

## 嗅觉，兼谈意识研究

再说两句嗅觉。在五官之觉里面，嗅觉好像最少受到重视。描述嗅觉、关于嗅觉的词汇好像也不多。我们的嗅觉词汇很少，实际上我们的明意识的嗅觉——就是你能意识到你闻到了什么东西——不多。大多数情况下，嗅觉是在意识阈限下工作的。有研究表明，在人这里，嗅觉起的作用远远大于我们通常所知，例如，嗅觉对食欲有很大影响，这个我们大概都想得到；嗅觉对性选择有非常强烈的影响，但我们自己往往不知道，它在我们的意识阈限下工作。我们在梦里没有味觉和嗅觉，[1]大概跟这个有关系。

五官之觉被意识到的程度是不一样的。视觉原则上都是上意识的，差不多百分之百意识到，你看到了你就知道你看到，我们说到视觉的认识论优先性，应该跟视觉的充分意识水平相关。嗅觉就不一定。当然，也有例外，有边缘情况，例如盲视。所谓盲视，指的是这样一种特殊情况：你眼前有个障碍物，问

---

[1] 参见：爱德华·威尔逊，《知识大融通：21世纪的科学与人文》，梁锦鋆译，中信出版集团，2016，第111—112页。——编者注

你看到了吗？你没看到，可是，你往前走的时候会绕开它走。你不是在说谎，你不知道你看到了，但你对障碍物做出了反应，这时候可以说"你看到了但你不知道你看到"。现在在心理学研究中，盲视研究挺热的。我们一直在说视觉优先性，研究五官之觉的意识水平，也首先围绕视觉进行。这也不是偶然的，视觉跟意识几乎连成一片，看到就意识到看到，所以盲视很古怪。哈维说过——17世纪最早发现血液循环的那个哈维——我们往往更容易从反常现象中发现大自然的奥秘。为什么呢？值得琢磨。在我看，至少一个原因是这样的：所谓反常，就是跟一般经验不合，我们的经验解释不了，要求我们用物事背后的机制来解释，反常现象为科学家提供了一条深入到下层机制的隐蔽通道。所以现在这些大脑科学家对盲视特别感兴趣，倒不是因为盲视在我们的生活中有多重要。

consciousness 现在总体上是个挺热的课题，这在很大程度上是被大脑科学带起来的。大脑科学喜欢研究盲视这类现象，因为这类现象适合用科学手段研究。当然，这也难免牵涉到概念考察，例如，盲视应该不应该叫作看到？我们会更加关心，应该从哪个角度考察感觉，从我们意识到感觉呢还是从别人观察到你做出反应，等等。我自己这些年一直比较关注意识问题，当然主要是在概念考察的层面上。这是个大话题，现在不展开讲，等把各个线头连在一起了之后可以试着讲讲。

科学来做意识研究，马上就往量化走。五官之觉的意识程度各有差异，这些差异现在甚至都已经量化了，研究意识的科学家对我们的每一种感知的意识度都做了一个粗略的评分。[1] 我不知道量化到底有多准确，或有多大意义。

嗅觉在好多情况下起作用，但是我们不知道它在起作用，这有点像盲视，你没意识到自己嗅到了什么，但你其实对它做出了反应。认识论不怎么谈嗅觉，因为嗅觉主要在意识阈限以下工作。聚斯金德的《香水》，你们可能有不少人读过，主人公格雷诺耶有神奇的嗅觉能力，但他不会说话，完全没有道德感，单靠嗅觉生活大概不可能发展出道德什么的。从前研究认识，研究的都是上意识的认识，因为关心的是理知，上意识当然跟理知关系密切。但嗅觉是种特别古老的感觉——就因为古老吧，所以不用上意识——有很多动物非常依赖嗅觉，我们知道的狗啊、鼹鼠啊。后来，越来越多的事情在意识层面决定，嗅觉就变得不那么重要了，例如，我们虽然能够通过信息素辨别血缘亲人，但这种能力不大用得上了，因为我通过户口本就能确定一个人跟我有没有血缘关系。我瞎想着玩啊：如果由狗啊鼹鼠啊这些动物来发展一个认识论的话，它们的认识论大概会是什么样的？但结论也许是：非常依赖嗅觉的物种有可能发展不出一个认识论。这是为什么呢？因为只有依赖于远距离感官的、有视角的这种生物，它才可能发展出理知，更进一步发展出理论。这些都是我瞎说的。但是，我个人觉得不是不能这么去想。其

---

[1] 绝大比例的视觉和味觉可以被意识到，但只有 15% 的嗅觉可以被意识到。参见：苏珊·格林菲尔德，《大脑的一天》，韩萌、范穹宇译，上海文艺出版社，2021，第 136—138 页。

实我觉得想这些比好多书里想的还好玩一点。

好了,我讲了八九十分钟,你们还在听,了不起,我一般讲上八九十分钟听众都睡着了。我不怎么有兴趣对着睡着的人讲。今天就讲到这里。

## 问答环节

问:陈老师好,我有两个问题。第一个问题是,您提到视觉的优先性,我当时想的一个问题是,盲人的感知和视力正常人的感知有没有区别。我想了两种,有一种是他先天就看不见,我不太能想象这种感知世界的方式。但我能想象另外一种,比如他最先能看见,后来发生事故,他看不见了,所以他通过其他感官去感知,那么他对于您刚才讲的事物本身的感知,他通过听觉等其他感知能不能达到对事物本身、对 eidos 感知的那个层次?第二个问题是,一个盲人,他虽然看不见,但他的听力可能会变得更好,而一个听不见的人,他的视力会不会变得更好?

答:要说起来,我们并不感知 eidos,我们超出感知才达到理念,理念是理知的对象。就此而言,理念对于各种感知是一视同仁的。不过,我们毕竟要先有感知才能超出感知。我尝试说,在传统认识论中,我们是沿着视觉这条通道达乎理念的,当然,我还想说,用 eidos 这个词来谈论的话,直到理念，视觉意象仍然在那里。我后面还想说明，理念并非驻停在视觉里，而是驻停在语言里。至于盲人，他感知到的世界是什么样子的，我觉得需要经验上的调查。这方面的研究不少，现在，有手术可以使有些生盲能够看见，从来没看到过任何东西的人，他突然看到了。对于这个看到的过程有详细的描述。[1] 第二个问题，听不见的人，视觉会不会变得更敏锐？会。各种感觉都会互相补偿。

问：您刚才说视觉在感知当中具有一个优先的地位，但是我从做声音剧场的朋友那里听到一个说法，他们说在五官感知里面，只有听觉是不能被主动关闭的，你可以闭上眼睛不看，可以屏住呼吸不吸，可以闭住嘴不张，可以把手离开不去摸，但是只有听觉是你没有办法不通过其他东西而主动去关闭的，比如说我们在晚上睡觉的时候会经常被噪声吵醒。

答：听觉无法被关闭，其实触觉也无法被关闭，这好像跟视觉优先性没什么不合，视觉富有探索性、主动性，听觉和触觉有更多的承受性，可以从主动和被动的角度来看。

---

1 参见：顾凡及，《如何理解意识的主观性？》，《信睿周报》总第57期，2021-09-01。关于意识的"困难问题"，该文讲到美国神经科学家苏珊·巴里（Susan Barry）的亲身经历。她天生对眼，两眼不能协同工作，有人问她能否想象立体视觉的感受，她认为她能够，她对视觉处理机制有详细的了解，虽然自己没体验过立体视觉，但认为自己知道那是怎么回事。后来，她经过治疗拥有了双眼立体视觉，这时候，她承认当时的想法错了："我回到车里，正巧看着方向盘，方向盘一下子从仪表盘处跳了出来……我看了一眼后视镜，它也从挡风玻璃处跳了出来。"还有另外一些十分生动的描写，总之，她惊叹不已，确认没有东西能够代替自己的体验。

第二章

# 触觉 / 身体知觉
五官之觉（下）

我讲了看、听、嗅、尝，现在我们来讲触觉。触觉会多讲一点儿，嗅觉和味觉只是附带讲到。其实关于这些感觉，有很多好玩的，不过，我主要讨论感知和理知的关系，就不多谈这些研究了。听、嗅、尝，我讲得浮皮潦草，是因为咱们就这么些时间，不可能都细讲，但也是因为，在一个意义上，嗅觉、味觉，也不妨说成是触觉。味觉其实是一种触觉，这一点挺明显的——舌头触到食物。嗅觉呢？你可以说是鼻子触到气味。前面讲到蚊子闻到气味，你分不出来那是嗅觉还是触觉。换句话说，除了眼、耳之外，其他的也可以说都是笼统的触觉。想想视觉和听觉，光子、声波，这些都太精微了，有点儿抽象。嗅觉呢？应该挺明显的，有些物质粒子被吸到鼻子里来了。

**多种多样的触觉**

那么，说到触觉，首先就要说，触觉是个笼统的名称，实际上有好多种触觉。我们身上的各个部位的触觉就很不一样，我这里还不把嗅觉和味觉算进来，手的触觉和后脖颈的触觉就很不一样。有人用羽毛在你的后脖颈滑动一下,你痒痒,这是触觉;你在黑暗中摸开关在哪里,摸一样东西是圆的还是方的,在沙发底下用手摸着找手机,这也是触觉。你会注意到这两种触觉差别非常之大。手被刀子划伤了,或者你主动用拇指成九十度滑过刀锋的那种感觉。胃里隐隐作痛呢?不像是明确的触觉,但如果你只分五种感觉的话,痛觉应该属于触觉,而不是另外的四种。

触觉也被叫作身之觉。在英语里,身体和物体是同一个词——body,汉语则做出区分。不管怎么说,两者的区分很明显,只说一点吧,别的物体,我可以靠近前去,也可以离开,可我从来离不开我的身体。[1]但身之觉能不能都说成触觉,我也很犹豫。例如,身体感觉中有一种是肢体位置觉——我不用看我的腿,我就知道我的腿的位置,左腿搭在右腿上还是两条腿平放着。你把两只手放到桌面下面,两只手叠起来,你知道左手在上还是右手在上,你的手在做什么动作,你不用看就知道。你不看不触,但是你知道,这个知道又显然不是理知。这种肢体位置的感觉跟手去摸石头的那个感觉不同,跟身体被触碰的感觉也不同。这种感觉是触觉吗?叫作触觉不大合适,但如果只分五种感觉的话,肢体位置觉只能放在触觉里面。否则,我们最好把触觉和身觉区分开来,用触觉专门来指主动探究

---

[1] 参见:Anscombe, *Intention*, §8, Basil Blackwell, 1957, pp.14-15. 我在阅读这本书时参考了青年教师刘畅的未出版译文。

的躯体之觉。

身体感觉应该还包括一个大类，这一类十分特别，但不一定适合在课堂上讲。

**客观、旁观**

我们讲触觉，可以对照视觉来讲，视觉我们已经讲过了，这样参照来讲比较方便。

说到触觉和视觉的对照，最容易想到的，应该是，视觉是远距离感觉，触觉是近身的、贴身的。我们前面说到过，眼睛和耳朵是远距离的感官，触觉、嗅觉、味觉叫作近距离感知。看到的东西、听到的东西，跟你不贴着；嗅觉、味觉、触觉就不是这样，必须贴在你身上你才能感觉到。

远有远的好处，拉开了距离，我们会比较客观。客观，我们都当成好事儿，"客观地认识历史""客观地认识自己"，批评别人说别人主观，自己写文章，为了强调自己讲得对、讲得公正，常常说"客观地说"，不知道怎么他一说就是客观地说。客观认识差不多等于正确认识，主观认识甚至都不能正当地称作认识，而被说成胡思乱想、猜测、臆想。你要身在庐山之中，你就看不清庐山真面目，要认识真面目，你就要跳出来看一看，从身处其中的处境中摆脱出来，当局者迷，旁观者清。

这也不妨说，远距离感知更接近理知。我们知识人看问题要客观。"客观地认识历史"，这意思似乎是说，争论中美关系，我既不站在中国这边也不站在美国那边。还有，站在客观的立场上看，你怎么站到客观的立场的？意思可能不过是，不要特别情绪化，要更多在理知层面上讨论。

但远也有远的坏处。离得远了，就没有切身性了。知识人老讲客观，不讲立场，革命群众不爱听，你的阶级立场哪儿去了？客观客观，你像个客人似的，吃什么喝什么都有主人在操心，你不用管。有时候要讲的不是客观，是主人翁态度。两者怎么协调？从视觉不好讲，从触觉讲好一点儿。客观不都是眼睛看到的那个客观世界，还有拿手触碰到的客观世界。

**视角问题**

从庐山跳出来看，拉开一定距离，你获得了某种客观性。但跳出来看会带来一个问题：你往不同的方向跳，会带来视角问题。同一个东西，你从这个角度看，我从另一个角度看，看到的就不一样。于是带来了相对主义，或者视角主义（perspectivism）。本来我们跳出来是为了达到客观，结果落入了视角主义，好像我们得到的还是主观片面的看法，绕了一圈又绕回到了主观。

你也不能说，每个视角都是客观的。都是客，主人在哪儿？借用宗教的说法，有一个主人，那就是上帝。大家都知道有一个叫作 God's eye 的说法：上帝的眼光不片面，他全知。

触觉就不是这样。我们讲到，看可以是间接地看，但没有间接触到一说。触觉你跳不出来，所以触觉没有 perspective 的问题，perspective 这个词就是个视觉词。倒是有个盲人摸象的故事，也是讲片面性的，不过，跟视角不尽相同，主要不是讲视角，是讲部分-整体。背后的问题也可能很接近：我们怎样从片面到全面？怎样从部分到整体？

我备课的时候，课件里有一大段是关于视角和相对主义的，但我后来决定不讲了，相对主义这个话题我以前讲过不少，[1] 你们有兴趣可以去读读。我们现在谈到客观，我简单提一下视角问题。这个问题我没回答，你们只当我提出了一个问题。

## 亲密、切身

视角主义质疑的是，我们跳出了庐山，不见得就能达到客观认识。其实，这个客观，这个旁观，也不见得总是好事情。旁观的好处是客观，然而，旁观也有事不关己高高挂起的意思，这往往不怎么好。

黑格尔重视视觉和听觉，称它们是认识性器官，它们感知远距离对象，拥有更大的自由度。[2] 很好，不过，拉开了距离，难免比较疏远，相比之下，触觉就比较亲密。生出了亲密之感，几乎不可避免要从视觉转变到触觉。这个不便多说，这么说吧，

---

[1] 可参看：陈嘉映，《说理》，第 8 章 "普遍性：同与通"，上海文艺出版社，2020；陈嘉映，《何为良好生活》，第 8 章 "个殊者与普遍性"，上海文艺出版社，2015。——编者注

[2] 参见：黑格尔，《精神哲学：黑格尔著作集（第 10 卷）》，杨祖陶译，人民出版社，2015，第 91—92 页。——编者注

你去看展览的时候,有些石头、木头、古玩都贴着"请勿触摸",为什么请勿触摸?你有想去触摸的冲动。如果你没这种冲动,他就不拦着了。以前我们年轻的时候都要装很高尚,说到一个女孩漂亮,要加上说,我完全是从审美角度说的,意思是完全无涉欲念、欲望之类——"审美"这个词也有意思,美在你对面,供你审视、审查、审判,反正,一副完全旁观的样子。

我们说过,传统认识论是视觉中心的,的确,要达到客观性,认识论就会倾向于从看这种非具身的、远距离的感知来谈认知。认识论里的认识,好像总是置身事外,旁观这个世界。如果认识论首先想到的是触觉,认识论大概就不会总是那么悠哉闲哉的。

## 人分视觉型和触觉型

视觉有它的优势,它是远距离的感知,可以看到很远的石头。触觉就不行,你要走到跟前才能触到。但触觉也有它的优势。我觉得我们甚至可以把人分成视觉型的和触觉型的。视觉型的人眼光远大,他眼前有一个清清楚楚的对象化的世界,能够事先在这个世界中找到自己前进的道路;张爱玲说她是视觉型的,那是在形成意象方面,不合这里的说法。触觉型的人能建立一种亲密的关系,在世界中享受他存在的意义。我瞎联想啊,我们在这儿也不讲人生哲学。

## 认知与反应，以及艺术

远距离的感知没有那么强烈的切身性，因为不那么切身，你不一定要对它做出反应，你可能会有考虑的时间，想想应该怎么反应。这个跟你被烫了一下不一样，你被烫了一下，你首先不是急于知道你被什么东西烫了，你是立刻把手缩回来，等你到了医院，大夫再慢慢检查是怎么烫的、烫伤的程度什么的。这个切身感觉，它作为知的成分会减少，它的反应的成分会增加。我可以旁观但很难旁触。切身感知主要是联系于我们的反应，而看就不见得是这样。有些看联系于我们切身的反应，比如你看见一辆卡车冲过来，但通常，比如你站在黄鹤楼上看风景，你不做出任何反应，你就是看。我前面讲到过亚里士多德《形而上学》的第一段，亚里士多德把看当作一种欣赏，我享受看。在黄鹤楼上看风景，你享受，那差不多是一种知性的享受。狗熊向你扑过来，你就不享受。

说起欣赏，我们欣赏的艺术基本是视觉艺术和听觉艺术。视觉和听觉是两种远距离的感知。触觉、味觉这些感知就很难形成一种艺术。

## 用手摸是主动探究

触觉不仅有好多种类，格外有趣的是，在一个重要的方面，触觉有两个相反的方向：有些触觉是主动的，有些触觉是被动的。大多数触觉不是主动的，比如羽毛在你的后脖颈滑一下，或者你在登山的时候被荆棘划伤，或者刚才说的手被烫了一下，这些是被动的。手的触觉却经常是主动的。吵起来了，要动手，你要找块石头，你首先用眼睛找。现在假设你被关在一个黑乎乎的地窖里头，你想找到一块石头，冲出去的时候碰上守卫用石头当武器，黑乎乎的啥也看不见，怎么办？你会用手到处去摸，这是主动的。你也可能用脚去主动感觉，甚至用脊背，但用手摸是最典型的，我们就讲用手摸。认识，通常都用眼睛做 metaphor，但手也会认知。在漆黑的洞里，你马上就能知道手代替眼睛的作用是非常主动的。不过，用手探索跟用眼睛探索也有重要的不一样，手在搜索的同时，它也感受自身，这我马上要讲到。

用手摸是主动的，主动到什么程度？可以说，用手摸是在探究，是主动探索。拿手去摸一样东西差不多相当于看，实际上,盲人就是这样去"看"的。前面讲到亚里士多德《形而上学》的开篇，他说眼睛是探索性的、探究性的，看是一种探究，我们要说，手也是探究性的。手的触觉是介于背上的触觉和眼睛的功能之间的，或者说结合了两者。跟看一样，手的探究可以跟"是"／存在连在一起——这时说的不是摸到石头的性质，光滑还是粗糙，我们摸到一块石头。你不是摸到了一块石头的线索，你就是摸到了一块石头。看到一块石头直接就看到了石头，看到石头的存在。摸到一块石头也是。在黑暗中，你可以通过触觉来确定东西本身的存在。你听到猫叫，你听到的还不是猫本身；你摸到它了，你就摸到猫本身了。是啊是啊，你想到盲人摸象的故事，你没有摸到大象本身，你只摸到一个片面，象腿、象耳朵，可你马上又想到，在这点上，摸恰恰又跟看一样，我们说到，看会碰到视角问题，摸也会。你也可以说，你没有看到房子本身，你总是看到房子的正面，或者侧面。在好多方面，用手摸跟用眼睛看都很接近。

**感觉到疼痛，疼痛才存在**

摸到一块石头，就像看到了一块石头，我确定了一个在我身体之外的东西的存在。在这个方面，手跟视觉更接近，跟其他触觉不一定那么接近，我感到痒痒，不一定确定了一个身体之外的东西，当然，有可能你发现了一只蚊子，但也可能就是皮肤自己瘙痒。触觉并不都是对象性的认知。摸到一块石头是触觉，感到痒痒也是触觉，这两种触觉差别太大了。如果我们现在把疼痛感也归在触觉里的话，它不一定指向对象。

维特根斯坦在《哲学研究》第 243 节之后用了很多篇幅来讨论疼痛之类，所谓私有语言论题。维特根斯坦的这些讨论不是那么清楚，但有很多洞见。维特根斯坦提出一个话题，多半会从特别有意思的角度提出来，虽然不见得讲得那么清楚，但差不多都会成为吸引人的话题。这些讨论有很多要点，其中一个要点是：疼痛不是一个对象；疼痛不像甲虫，你打开盒子看见甲虫在那里，你不打开盒子，盒子里也有个甲虫。疼痛不是这样，你感到疼痛才有疼痛。我不可能处在痛苦之中而不知道。[1] 疼痛跟视觉在这个意义上是最远的，眼睛是"你不看它也在"，疼痛是"你不感觉它就不在"了。

并不是人人都同意这个观察。例如，波兰尼就不同意。有人争论说，战场上一个战士挨了一枪，他开始没觉得疼，后来被抬上担架的时候，他觉得剧痛难忍，这里有一个问题：他刚才没觉得疼的时候，他有没有疼？有没有疼这个话，有点翻译腔，德文说 Schmerz haben，汉语里没有这个说法，不知道台湾人是不是这么说：你有疼吗？我觉得这个争论有点儿走岔了。的确，人们早就注意到，你专心致志下棋，没听到门铃响，可事后一回忆，当时其实是听到门铃响的。一开始没觉得疼，事后想着当时是觉到疼的，跟这个类似。但在我看来，这错失了争点，"你感到疼痛才有疼痛"说的不是这个，它是跟"唯当你听到门铃响门铃才响"对照着说的。你事后回忆，当时是觉到疼的，那也是当时你觉到疼，疼才存在。

不过，这里的确还有可以进一步考虑的东西，比如，你没感到累，你累不累？这不像摸到石头，也不像感到痒痒，像是个中间事例。我不能对你说，虽然你没感到痒痒，但其实你是痒痒的，但我似乎可以说，你虽然自己没觉得累，但你其实已经累了。这话讲得通（make sense）。还可能，我上讲台做报告，

---

[1] 参见：维特根斯坦，《哲学研究》，第 1 部分第 246 节，陈嘉映译，上海人民出版社，2005，第 104 页。——编者注

没觉得自己紧张,可是学生说,老师,你当时挺紧张的,不信你看看录像。也可能,我上讲台的时候没觉得自己紧张,但是后来我回忆当时的情形,回想起我当时其实是感到紧张的。

这里有重重叠叠的情况需要考虑。累、疲劳、紧张,这些词好像一方面用在感觉上,另一方面也用在身体状态上,首先用在感觉上,但也用在身体状态上,有点儿像说到金属疲劳。所以,我不觉得自己紧张,可是看了录像,不得不承认自己当时是紧张的。有些讨论还涉及两个感觉:我当时觉得不觉得,我事后感觉当时是怎么觉得的。这又把我们引向一个更深的话题了:我可能爱而不知爱,可能内心痛苦而不知。这些都是有意思的话题,也许哪年哪月我们可以专门研读私有语言论题,那时候可以好好讨论一番,这些也可以放在意识题下来讨论,但我们在这里不展开了。我把这些话头扔出来并不是说我都解决了,我只是说这里有一些有意思的话题。你们以后碰到有人讨论私有语言,可以记住这些话头,听听讨论的人是怎么想这些问题的。的确,对我们来说,一个话头总是可以向不同的方向展开,我们甚至可以在这里谈谈薛定谔的猫。但我们无法同时追寻所有这些线索,不管怎样,我先下个论断(assert):疼痛不是一个东西,不是一个对象,感到疼痛、感到痒痒是不可分割的短语(phrase)。

看到红旗、摸到石头、感到痒痒,看上去都是动宾结构,但它们的哲学语法是不同的。红旗你不看,石头你不摸,它们也在那儿。痒痒就不是,你大概不会说我不觉得痒痒,痒痒也在那儿。在哪儿?我不感觉痒痒,我就不知道痒痒在哪儿。你感觉痒痒它才痒痒,所以痒痒不是一个对象,虽然它是一个宾语。你痒痒的时候,痒痒有对象吗?痒痒是对象吗?就算有蚊子,你感到的也是痒痒,不是蚊子。

**对象的独立存在 vs 感知它它才存在**

我们谈论感觉,不是用一式的方式在谈论,摸到一块石头和感到痒痒不是同样的感知,它们的逻辑身份不一样。眼睛看到的东西,我们认为是在外部世界里,看到红色,红在红旗那里,红是属于红旗的,属于看到的物体,不是在眼睛这里产生的。我看到红色,话题是红旗,不是看到,我们不是在谈论自己的感觉。触觉不是那样,我觉得痒痒,这时候是在谈论感觉。鹅毛笔搔后脖颈,我觉得痒痒,但我当然知道,痒痒不是鹅毛笔的属性。要说的话,鹅毛笔是痒痒的原因。那么,红旗是红的是不是我看到红色的原因呢?这个要从伽利略讲起,从那时候开始,红色不再是旗子的颜色,当然,更不是神经元的颜色,红色整个消失了,或者,在感受质仓库里才能找到。这个这次不讲了。我们只讲,这里有个明确的区分:有时我们是在谈论对象,感知到的对象,有时我们是在谈论感觉本身。

看是一种对象性认知,这话的一层意思是,我们看到的是对象,对象的意思是,你看不看它都在。你看见刘擎,他在,你没看见,刘擎也在那儿。你们说,刘擎是个客观存在。对象和客观放在英语里头就是一个词——object, objective。有时候你听人说,"客观看来",我都不知道他怎么主观地看。

用手摸,就像用眼睛看一样,可以确定事物本身的存在。你摸到一块石头,这时候我们明显是在谈论外部世界——这块石头 refers to something out there,是你摸到的,不是由你的感觉产生的。摸到一块石头,看到一块石头,都是对象性的认知。这里说到对象性,意思很简单:你看见一面红旗,红旗在你外面,在房顶上;你摸到了石头,那块石头在你的手外面。除非你像王阳明那样说,桃花你看它它就开,你不看它它就不开。[1] 这个比较高深,我们老百姓一般不会这么想,有只狗熊扑过来,我闭上眼睛,狗熊就没了——当然,我可能吓得闭上了眼睛,但这不是因为我相信这可以让狗熊消失。它要真是个对象,比如一座山,我一闭眼它就没了,一睁眼它又来了,这在物理上是相当困难的。

## "外部世界问题"

在这里我们可以谈谈外部世界的存在问题,大致意思是说,我们的一切知识都来自感觉,因此我们的知识不可能超出感觉之外,或者说,我们不可能知道感觉之外有没有一个"外部世

---

[1] "你未看此花时,此花与汝心同归于寂;你来看此花时,则此花颜色一时明白起来。"出自:王阳明,《传习录》,于自力等注译,中州古籍出版社,2008,第346页。——编者注

界"。这是所谓贝克莱的主观唯心主义。康德说，哲学一直解决不了这个问题，这是哲学的耻辱。这个问题真正讨论起来会牵涉到好几条线索，但大面上说，我认为，这个论证的问题出在前提里，我是说，结论已经包含在对感觉的定义里面了，一开始谈感觉，就把外部世界排除了，感觉完全是主体的事情、感觉者的事情。但仅仅有一个感觉者，他什么都感觉不到，感觉从一开始就联系着感觉者和被感觉的东西，你一开始就把外部世界从感觉里删掉，当然再用什么办法也无法把它重新纳入进来。但我们从来就知道有一个外部世界，我们知道这一点，才能形成感觉这个观念，有别于幻觉这个观念。换言之，感觉这个观念就是带着外部世界来的。所以，这整个论证的实质是：我们的一切知识都来自幻觉，所以我们不可能知道幻觉之外有没有外部世界。这个推论没问题，在幻觉中，只有感觉，没有外部世界。但什么是幻觉，只有参照正常感觉才能界定。如果我们只有幻觉,当然不知道有没有外部世界；但这个推论的前提有问题，如果一切都是幻觉，我们就不会有知识，我们就什么都不知道。

## 存在与实在

触觉和视觉都去确定事物的存在，但这两种感觉获得的存在是不同的。视觉获得的是一个形象、图像，是 eidos 意义上的存在、是。图像没有重量，梅洛-庞蒂说，对视觉来说，地面上的一个车轮不是能承受重量的车轮。[1] 摸到的石头是个有重量的存在，实实在在的存在。触觉从另外一个方向通达事物的存在，从它的实在性通达。你可以把前一种叫作存在，后一种叫作实在。我想象的是：有个东西重重地击了一下你的后背，你不知道它是什么，可能是块石头，也可能是狗熊的熊掌，你不确定那是什么，你没有那种确定性，但你有另一种确定性，你实实在在挨了一下的确定性。有人为了确认自己是不是做梦，他掐自己一把，这是个有意思的联系，他想建立的是什么联系呢？前面说过，梦里差不多都是视觉意象，不够实在，他似乎是想用触觉来确定处境的实在性。另一方面，eidos 也许是最高的存在、完美的存在、适合于逻辑的存在，但它不是实实在在挨了一下的存在。触觉所揭示的，不是 eidos，不是形象，但它实在，是把你带到了跟这个世界共处的实在。你挨一下子就全明白了，打击揭示出你存在。——我在这里用的都是汉语词，你暂时不必去考虑 einai、ousia 这些错综复杂的联系。我们就用中国话来说，用存在和实在来区分。你可能说，这些事儿，中国话说不清楚，不过，希腊人谈论这些事儿的时候也很纠结。

图像没有重量，但我们看到的不是二维的图像，而且，我们似乎也能看到重量，例如黑色的柜子看上去比白色的柜子分量重。但大家都知道，这个三维的、立体的视觉光用眼睛还不行，还需要有身体，要跟触觉连在一起，后来我们习惯了，直接用

---

[1] 参见：梅洛-庞蒂，《知觉现象学》，杨大春等译，商务印书馆，2021，第86页。

眼睛看到三维的世界。这个过程是有触觉参与其中的。一个完全失去触感的人是无法学会把二维世界看成三维世界的。是触觉给了你世界的景深、立体感和实质感。你的摄像头也只能看到二维的，但你立刻可以把它转换成为三维的，这个转换过程是需要你的触觉介入的。有位画家说，绘画也要靠触觉。[1] 对于感官之间的合作，我后面还会讲一点儿。

### 眼睛不感知自身

认识论里会讲到"对象化的认知"，通常是连着视觉讲的。我们用眼睛看世界的时候，我们看到的是世界，不是眼睛，视野里只有对象，没有眼睛自己，老话说，"我们看得见整个世界，就是看不见自己的眼睛"。后来发明了镜子，在镜子里看，上下是对的，但左右是反着的。你能看到自己的眼睛，但即使能看到，你看到的也是注视着镜子的那双眼睛，你照镜子的时候总是傻乎乎地瞪着镜子，即使你想办法让自己自然一点，但毕竟还是照镜子这个样子，比如说你看不见自己闭眼睛的样子，你看不见你东张西望的眼睛是什么样子，不看任何东西陷入沉思的时候你的眼睛是什么样子。

眼睛能看到世上的万物，唯独看不见眼睛自己。当然，人

---

[1] 大卫·邦勃格说："眼睛是个愚蠢的器官，眼睛的印象需要触觉来辅助，绘画是连血带肉的，是一块一块摸出来的。"转引自：范晓楠，《血与肉的扭结：培根与英国当代艺术》，清华大学出版社，2021，第29页。

类的本事大得很，镜子算什么，我们还发明了照相机、摄像机，把你在各种场合的眼睛拍下来，然后你自己去看。在对象化的进程中，的确，摄影机比照相机高明，照相机比镜子高明，但照片上的自我，仍然不能完全摆脱对象化。你们全班去拍毕业照，在毕业照里，你是几排同学中的一个，跟站在你旁边的同学没什么两样。你是世界上的好多对象里头的一个。

不去纠缠这些细节吧，我们大致可以说，我们用眼睛看这个世界，你关心的是你看的对象，而不是用来看的眼睛。你甚至感觉不到你眼睛的存在。生物生出眼睛本来就是用来看世界的，不是用来看自己的。

## 检查自己的眼睛，兼及贝克莱

你什么时候会注意到自己的眼睛呢？在什么情况下我们会回到感觉本身呢？当看出了问题，你眼睛酸了，你看不清楚，或者看到的东西不对头，比如你看到一个早已去世的朋友，这个时候你才会注意你自己的眼睛，你会问，是不是眼睛花了？看花了眼了？听觉也是这样，要是你在寒冬腊月听到蝉鸣，你觉得不对了，这是耳鸣吧？你会怀疑你听到的不是对象而是感觉本身。冬天没有蝉鸣，死人不能复生走到街上来，这些都是我们世界的逻辑，当你的感知跟这个世界的逻辑相悖的时候，我们就要检查自己的眼睛，矫正自己的感觉。你需要把自己的感知也考虑进来，在一个基础意义上，错总错在我们的感觉，世界不会错，不会不合逻辑。你看到的世界不合逻辑，可是你坚持感觉不会错，那世界的逻辑就崩溃掉了。

**手确定对象时也在感知自身**

关于触觉，我最后再讲一个方面，我觉得是最重要的一个方面。讲完我们就离开五官之觉这个题目了。

我们说，手和眼睛一样都是探究性的，都认知对象，但在这里，两者有个重要的区别。在手的探索中，你摸到石头的同时，你的手也有感觉，你也在感觉你的感觉，感觉着手上的感觉。触觉感知烫的、圆的、尖的、锋利的，冷热、锋利，它们是对象的性质还是感知的品质，还是你的感觉？不是那么好分。你摸一个锋利的东西——一个刀刃，你当然不会顺着刀刃去感知，你的手跟刀刃成直角去感知刀刃是否锋利；不妨说，你既是在感知刀刃也是在感知你手上的感觉。你用手摸一块石头，手在感知对象的同时也在感知自身，我是说，手感兼有视觉和触觉两者。在触觉这里，你没有办法脱离你自己的感知去感知世界。你摸到毛茸茸的东西，毛茸茸的是那个东西，也是你的感觉。

你现在要摸石头，但你手的感觉也时时在你的认知之中，圆的、光滑的、冷的，这些都不只是石头的属性，同时也是你手的触感。你在认知世界的同时，也在认知你身体的感知。刀刃是否足够锋利是你认知的主题，你摸刀刃，你是想知道刀锋锋利不锋利，但是你手上的感觉也被连带感知到。你摸石头，说这是块石头，你摸，是为了摸石头，不是为了摸自己的手，主题是石头不是手，但是这个主题离不开手，离不开对手的感觉。用波兰尼的话说，对手的感觉是附属的，你用锤子钉钉子，既关注钉子，又关注锤子。我们不觉得锤柄击打着我们的手掌，但其实肯定对手掌、手指的感觉很留意，这样才能有效地钉钉子。只不过，我们盯着钉子，这是焦点意识，对手掌的感觉则是附属意识。[1]

的确，说到感知，往往从触觉入手更好，而不是从视觉入手，触觉更能够展示感知的特点。感知不同于一般知道，实际上，有时候我们更愿意说感觉到而不是知道；反过来，有时候我们更愿意说知道而不是说感到。你的朋友，你不愿说"我知道这个人"，acquaintance 不同于泛泛之交。回忆起我们是在前天聚会的不同于推论出我们是在前天聚会的。要把这个区别论说清楚不容易，但若不囿于下个定义，可以尝试用多种方式来论说，例如，在感觉之际，我们从来不只是感觉到感觉内容，而且同时感觉到这个内容被感觉到，听到一个乐句，除了这个乐句，还有这个乐句引起的感觉，或者说，伴随听到这个乐句的感觉。也就是说，我这个听者总是伴随着听到的内容。[2] 所以，说起来，acquaintance 和 description 这对用语不如詹姆斯用 knowledge

---

1 参见：迈克尔·波兰尼，《个人知识：朝向后批判哲学》，2017，第65页。
2 詹姆斯在讨论回忆的时候说："记忆不仅仅是为过去的事件注明日期，这个过去还必须是'我的'过去……这里出现的是一个'复杂的综合体'。"出自：詹姆斯，《心理学原理》，方双虎等译，北京师范大学出版社，2019，第720页。

of acquaintance 和 knowledge-about 为好。从这里也不难看到，qualia（感受质）这个观念高度误导，因为它把感觉内容与感觉活动切割开来了。

## Zuhandenheit

这里的区别跟认识论大有干系。传统认识论赋予视觉以优先地位，有点儿忽视了触觉。当然也有例外，詹姆斯就说触觉才是首要的。[1] 读海德格尔的朋友都知道，海德格尔特别反对传统的认识论路线，包括反对视觉在认识论中的优越地位。他讲认识的时候，经常从手入手，使用带手的词，比如 Zuhandenheit（上手）、Vorhandenheit（现成在手），把认知的主导方向从 seeing 转到 handling 上来，把认知跟手连到一起。静观被放到靠后的位置，认知更多跟操作连在一起，在 zuhanden（当下上手的）那里，手的感知和操作连在一起。海德格尔的确有洞见，有深度，我们在很多地方可以从他那里得到重要的启发。

这几十年里，认识论关心具身认知（embodied cognition），这个方向本身就受到海德格尔的启发。我想说，具身不具身，跟你通过什么来认知有关，没有一个泛泛的具身认知，触觉就具身，看就不那么具身；讨论具身认知，视觉不是最好的进路。

---

[1] "触觉（展现的）是'首要性质'，它比眼耳鼻展现的'第二性质'更真实……其他器官不过是预期触觉的器官。"出自：詹姆斯，《心理学原理》，2019，第1086页。

有些人仍然以视觉认知这个 paradigm 谈具身认知，我觉得不对头。当然，眼睛是一个身体器官，但在看到的东西里面不大见得到这个器官的痕迹。讨论具身认知，从手的感觉切入应该是最好的进路。眼睛是身体的一个部分，手也是身体的一个部分，但用眼睛去看和用手去摸是不一样的感知进路。此外，被烫了一下这种认知很具身，不过，这件事情里认知的成分不那么多，反应的成分更多。痒痒、痛觉，这些也不是特别好的例子，它们是身体在感觉，具身，但突出的不是认知，它们更多是向内指向感受，不是向外指向对象。眼睛特别认知，但不具身。疼痛特别具身，但不够认知。

总之，触觉或身之觉的内容格外复杂，把这些复杂内容都归在一类，无论叫它触觉还是身体感觉，都不大合适，把它当作与嗅觉、味觉并列的一类感觉，这对于触觉很不公平。在触觉里，我们格外关注手的感觉，从这种感觉说，在一些方面，触觉和视觉离得最远，在另一些方面又离得最近。

关于五官之觉，我就讲这些。下一课讲点儿别的。我讲得东一处西一处的，你们把它当作聊天就行。

## 问答环节

问：当我们在触摸一个冰块的时候，我们会说这个冰块是冰冷的，但不会说它是坚硬的，这个时候温度相比于质感就会占据我们的意识。但是，当我们在触摸一个石头的时候，我们会说这个石头是坚硬的而不会去描述它的温度，这个时候质感相比于温度会占据我们的意识。所以我们在触摸一个东西的时候，为什么这个东西本身的性质会有一种优先性、会占据我们的意识呢？

答：我不确定你的感觉一定是这样的，但我可以这样想，冰看上去就硬硬的，但看不出冰冷，你的触觉补足了你的视觉。至于石头，你首先不去感觉它的温度，因为它的温度多半是常温，如果石头是滚烫的，你还是首先会感觉它的温度。哪方面的感觉占据了你的意识，似乎要看情境，你要摸一块石头去打架，石头硬不硬最重要，石头是凉的还是热的不相关。在另外一个语境中，石头是凉的还是热的也许是你关注的焦点。

问：刚才说，好像是视觉最接近存在，接近 eidos，但是我们看到了冰激凌和吃到了冰激凌，哪一种更接近冰激凌本身？

答：刘擎这个问题再次提醒我们，也许需要区分"存在"的两种意思，一种指向 eidos，视觉的，或者说几何的，没有重量的，它们互相之间没有压力，有的是逻辑关系；另外一种指向力量、分量，就像有重物砸到我背上。我刚才用两个词来区分，一个叫作存在，另一个叫作实在。这些词可能用得不好，你们可以换成别的词。换成英文，一个是 being, being 之间有逻辑的关系；一个是 reality, reality

之间主要不是逻辑关系，而是力量关系。对于通俗柏拉图主义来说，我们通过看来到事物本身，但对于实践者来说，他会说，你离开现实太远了，你得回到现实生活本身。生活本身是 becoming，一团浊流。我想用摸石头说明，在触觉这里，在这种原始的感知这里，存在和实在没有分离，我们触摸到石头本身，这个触摸到的本身是有分量的。我先这么说着。

问：您在讲座中提到海德格尔，我想问，海德格尔跟纳粹的关系有一些暧昧，哲学家也是要站队的，您怎么看待为稻粱谋这样一种人生的不得已？

答：海德格尔支持过纳粹，但好像不是为稻粱谋。他真的佩服希特勒，对雅斯贝尔斯说，你看看希特勒的手，这双手是个干大事业的。如果你问的是思想家和现实政治的关系，那这个问题太大了，的确三言两语说不出什么有意思的。

第三章

# 统觉及其他

## 不限于特定感官的感觉

我们前面讲了讲五官之觉，特别是就两端来讲，一端是视觉，一端是触觉，两者代表了存在的两类意思：视觉有清晰的形象，但不那么实在；触觉似乎直接接触到实在，但没有清晰的形象。这些是分开感官来讲，但还有好多经常被谈到的感觉，不容易归入五官之觉——饥渴，恶心，瞌睡，晕眩感。我们讲感觉/感知的时候，并不限于五官之觉，我们还在比较笼统的意义上讲到感知。这些我简单讲一讲，时间不允许我们每个方面都展开。

首先，五官之间常常有协作。我们已经提到过，视觉与触觉合作获得对距离的感知。生盲做了手术第一次看到东西的时候，根本无法判断距离，觉得他看到的任何东西都像是用自己的皮肤碰触到的一样。大家熟知的还有味觉，通常并不是单靠舌头来分辨味道，分辨味道通常有嗅觉配合。你得了重感冒，就不大能分辨味道。还有研究表明，视觉等也影响口味，同样的食品，你用不同的器皿，器皿的颜色、形制不同，吃起来味道会不一样。这些影响不像嗅觉的影响那么明显,但也说明,各种感官之间的协作很广泛。

五官协作之外,人们也谈论统觉、通感,心理学、哲学都谈得很多,康德也谈过通感。统觉、通感这些汉语词用得有点乱,心理学和哲学里面用得不太一样,到詹姆斯的时候,他已经抱怨"统觉"这个概念"承载了太多不同的意义",所以詹姆斯不使用这个概念。

心理学有时候用一个意思比较确切的词,叫联觉。联觉呢,比如说望梅止渴,你看的是梅子——视觉,但你能感知到味觉,甚至有人一看到梅子会浑身一激灵,像是真的尝到酸味一样,联觉很强烈。听音乐的时候,你可能会浮现画面。一个东西发出响亮的声音,我们就会觉得它的体积格外大。这些联觉是人人都有的,也是经常举的例子。联觉跟感官的协作是不一样的。联觉比感官之间的协作神秘得多,感官之间的协作比较容易做实证研究,而联觉是怎么一回事还没有公认的说法,当然生理学也在研究。哲学家也会对此感兴趣。[1]

有些感觉,它们享有共同的品质,比较典型的,比如旋律。旋律首先用在听觉上,但也用在视觉上,画论常常谈到画面的旋律。其他感觉是不是有旋律?说不定也有,抚摸,轻轻拍打婴儿哄他睡觉,但这个我就这样一句两句带过。

还有一种,有人称之为物质感。我个人对这个特别感兴趣,

---

[1] 参见:梅洛-庞蒂,《知觉现象学》,2021,第311—318页。——编者注

因为我有点缺失。有人对物质非常有感觉，这个木头的质地，这个面料的品质，摸着、看着很有感觉。吃货对好吃的特别有感觉，还有品酒、品咖啡、品茶。他们对世界的物质性有感觉。我说的这个物质感强不是物欲强烈。物欲强烈的尽是些粗人，没有精细的物质感。

物质感是感觉，挺纯粹的感觉，理知通常帮不上什么忙。实际上，物质感特别强的人往往他的概念能力就比较差。反过来也成立，我自己概念能力比较强，物质感比较差。物质感跟概念能力往往相克。当然，两个都强的也有。

我们还可以从物质感说到语感一类。有的人语感好，他学外语，主要不靠分析。我就不行，我费劲背单词、分析语法，最后我考得还不错，他不做这些，学得比我还好，那是他语感好。

## 笼统的感觉

还有一类，笼统的感觉。我感觉这个人怀有敌意，我感觉这个人蛮友善的，你感受到了人生的苦难——当然你们不感受，我感受，你们感受到的全是青春好幸福。其实，这才是"感觉"这个词平常用得最多的意思。我们前面讲五官之觉，看啊听啊触啊，但你感觉到危险临近，你感觉到不妙，你是通过什么感官感觉到的？不是通过某一个感官渠道，而是你有一种综合的感觉。托马斯·内格尔（Thomas Nagel）有篇著名的文章——

"What is it like to be a bat?"[1] 问的是蝙蝠的感知是什么样子的，他问的就是笼统的感知。蝙蝠靠什么感知——它靠听觉，如果你把超声波也叫作听觉的话。究竟通过哪个感官，这不是很重要。在这里，感知跟感觉器官已经关系不大了。你分不出来是看到了、闻到了、触到了，这里出现的是笼统的感觉，或者，综合的感觉，整体的感觉。综合的感觉不是我们刚才讲的联觉，也不是哲学家说的通感。最常用的"感觉到"，说的就是这种综合的感觉、整体的感觉。

### 预感、感觉与意义、判断

"感觉要下雨了""我感觉不妙""感觉到危险""我有一种不祥的感觉"……这是感觉的一个大宗用法——预感；你看"感觉"这个词，字典里有一个解释条，就是预感。英文的 sense、feel，也有这个义项。感觉这个词有一个意向，对未来的预感。

这个感觉，这个 sense，我们常常要把它翻译成意义。感觉和意义之间的联系、sense，我在《从感觉开始》和《说大小》中都讲过——这些文章大概是 30 年前写的吧。感觉这个词有好多种互相联系的用法，其中的一个用法就是五官之觉的概括。

---

[1] 托马斯·内格尔，《作为一只蝙蝠是什么样？》，收录于：《人的问题》，万以译，上海译文出版社，2014。——编者注

在日常谈论中，感觉没有五官之觉的概括这一用法，它是努斯鲍姆所说的另外一个意思，跟这个五官综合之觉有点关系，当然她讲的是 feeling，一种是五官之觉，一种她说是判断的代用词，就是 judgement 的一个代用词。[1] 英语的我不讨论了，我还是只说汉语的"感觉"。

日常语言中的感觉，可以视作初级判断或者前判断，它到不了判断那么强，我感觉有危险——我还不是判断有危险，我感觉院子里有人——还没到判断院子里有人那么强，大概是五官之觉特别是触觉这一类感觉的延伸，还没到判断，当然判断也还没到逻辑结论那么强。这个感觉，无论是你作为判断意义上的感觉，还是前判断意义上的感觉，它是一个由模糊到清楚的 spectrum，这个尺度不好拿捏，我可以模模糊糊地感到，也可能相当清楚地感到。如果你十分清楚地感到，那就是判断，你就已经在做一个 judgment。这个我讲得太粗糙了，你们，还有我自己，回头再去细想。

## 因果感知

还有一种感觉特别值得一提。你在家里跟朋友聊天喝茶，挺轻松的，突然看到窗户上有一张鬼脸，趴在那儿冲你吐舌头，

---

[1] 参见：玛莎·努斯鲍姆，《欲望的治疗：希腊化时期的伦理理论与实践》，第 3 章，徐向东、陈玮译，北京大学出版社，2018，第 80—81 页。——编者注

你吓一跳。很多电影和小说里都有这种情节。你为什么吓一跳？那张脸是你吓一跳的原因。这不是你推论出来的，你不是通过道理知道的，你直接感觉到原因。[1] 这有什么值得一说的吗？有一点儿，因为在因果关系中，人们常常说到所谓休谟命题。大家都记得，休谟认为，一切都要从感知来，但因果（causality）是感觉不到的，所以到底有没有因果这回事就十分可疑，因果是一个纯粹理知的东西，甚至可以说是理知虚构出来的东西，实际上，物事之间只有相关性，没有因果性。相关性和因果性，这也是哲学研究的一个热点，近年来也受到很多关注。[2] 但在我们这个例子里，你似乎感觉到因果关系，你要愿意的话，可以把这个叫作因果感。当然，即使在这里，你也可能感知错，但那是另一个问题。

尼采好像也不认为物事自身有因果，因果是我们把我们自己的行动模式投射到物事那里，世界本无因果。但我们的行动也是世界的一部分啊。尼采是说，我们有个动机，然后去行动，我们依照这个模式产生了因果观念。这至少承认了，我们能感知自己的动机，就是说，我们不仅会感知到某个外部物事跟我的反应之间的因果关系，反过来，我们似乎也能够感知我们的内部原因引起外部结果。我要喝水，所以伸手拿杯子，这个活动的动机是我感知得到的。你现在不是从外面的因感知到内部

---

[1] 参见：Anscombe, *Intention*, §5, 1957, p.9. ——编者注
[2] 参见：萨曼莎·克莱因伯格，《别拿相关当因果！因果关系简易入门》，郑亚亚译，人民邮电出版社，2018。——编者注

的果,而是从内部的因感知到外面的果。这些都是跟因果有关的感知。这一类感知,跟我们前面讲过的肢体的位置感似乎也有密切的联系。不过,在这里也有很多人追随休谟,认为我们并不是感知到自己的动机去行动的。即使我的念头导致我行动,两者的联系也不可能由"内省观察"得知。[1] 不过,相关讨论往往不得要领。第一,"内省观察"这个提法本身就很成问题,人们常常把内省想成一种"看",这很可疑,这个我们到自我认知的时候会多谈一点儿。第二,人们似乎认为世上只有一种因果关系,但在我看,因果有好几种不同类型。这些需要更细致的研究,我这里只开个头。

我当时在备课的时候,第六讲本来要讲的是"行动与导致",我会再谈论导致,我估计我们可能没有时间讲到那里。但是这都不重要,我讲的这些内容都不是你们必须要知道的,你们听到哪儿觉得有点意思就可以了。

## 时间感知、记忆

我再举几个例子,这些例子不一定是同类的,但也许正因此才有点意思。

一个是时间感知。咱们聊了多久了?差不多一个钟头了。你没看表,你直接感知到过去了一个钟头。这是时间感知。很

---

[1] 参见:布瑞·格特勒,《自我知识》,徐竹译,华夏出版社,2013,第88—91页。

多论者把时间感知称作内感知。内感知和外感知这种区分很常见,心理学里有,哲学里也有,但说得相当混乱。什么是内感知?洛克区分感觉和内省,把内省叫作内感知。[1] 有些论者又从内感知出发到了天赋观念那里。心理学里也有内感知,一种说法是"感受器位于机体内部",那么,手被划破了是外感知,胃疼就是内感知?相当乱,我理不出头绪,你们可以试试。

不管怎么定义,肢体位置觉应该是一种内感知。最重要的内感知是时间感知,好多论者只把时间感知称作内感知,其他感知都是外感知,詹姆斯就把两者视为一事。时间感知是个超大的题目,这里谈不了,我们谈谈其中的一种。这一种跟记忆连在一起。你问我,我们上次是什么时候见面的?我说,上周二嘛。我怎么知道的?我一想就知道。我可能没法知道我怎么知道的,我就想起来了,跟任何道理都没有关系。当然,我可能记不起来,可能弄错,像我这种老年健忘。我记不起来了,让我想想,哦,是上周二,我是上完课咱们见面的,我每周二上课。这是推论出来的。你拉进另外一件事来支持你的记忆,但你也可能直接想起来,你不依赖于证据。要是昨天见的面,就不用推论,直接回忆起来,直接感知。在这类例子中,你可以比较鲜明地看到感知和理知之间的区别。

我从周二上课推论出我们是周二见的面,这个周二上课是

---

[1] "它虽然不同感官一样,与外物发生了关系,可是它和感官极相似,所以亦正可以称为内在的感官。"出自:洛克,《人类理解论》,关文运译,商务印书馆,1959,第69页。

证据吗？它也许起的是 reminder 的作用，让我回想起我们见面时候的整个场景，唤起了有感之知。但也可能，我还是记不起来见面时候的整个场景，那么，我完全是在推理，并没有新的回忆、新的感知。这种推理跟我把咱们见面这件事回想起来放到我的整体记忆中是不一样的，我仍然没有对这次见面有一个整体感知。

## 你怎么知道她是你妈妈？

其实，内感知不限于记忆，凡说到知识、知道，都有这个问题。我家住在北京海淀区，你怎么知道你家在海淀区？我还真可能一时不知道怎么证明这一点。媒体上时不时报道那类故事，派出所让你证明你妈是你妈。你知道得千真万确，但证明起来可能很费事。传统知识论受法庭比喻的影响，你知道一件事情，这需要你拿证据来表明你知道。但这类事情，就像肢体位置觉一样，不需要证据，感知就是证据；我刚刚吃过药不需要证据，回忆就是证据。这么说都不好，感知不是证据，他感到，就是知道了，不需要证据。

这些话题，有很多人在谈，但是谈的角度可能不一样。

## 一个与所有问题

我们讲的综合感、因果感知、时间感知、回忆等这些感知，在某种意义上都是对照五官之觉来说的。五官之觉有一个具体的感知通道，而这些感知你不知道它们的通道在什么地方，比如说因果感知，你看到窗户上有个鬼脸，而因果感知并不是看到的，也不是触觉，但它仍然是一种感知。

我们讲了感知的好多方面，我还没有讲到情绪、感情。我们讲感知、感性、感觉，难免要讲到感受、感情，这些都是感知题中的应有之义。从感知与理知，难免连到感情与理智。现在你们还在说"感情与理智"吗？这是我们以前年轻的时候经常说的，年轻的时候常碰上这个矛盾，感情和理智的矛盾，我们也常常讨论。

我说这是应有之义，你会说，又有什么不是题中应有之义呢？赵汀阳有一本书叫《一个或所有问题》。哲学就是这样的，一开始你觉得是一个问题，等到你往下想，那个问题连到另一个问题上，再往下想，又连到下一个问题上。这可能是哲学一开始吸引人的地方，但最后是一件苦恼的事。最苦恼的是写哲学论文。我不是开玩笑，研究生无法回避这个问题，你们都知道论文不好写，你刚觉得这个问题想得有点清楚了，就发现那里还有一个问题，不解决那个，这个是谈不清的，最后发现要把全世界的事情都想清楚，"真理是整全"，但是没有凡人能做到。越往深里想越写不了。比如我准备这个讲稿，已经花了很大力气，还是很多问题没有想清楚，我只能把想得相对清楚一点儿的拢在一个大致可控的范围内，其他枝逸旁出的，我也许提到，但无法去一一追索。讲到的，差不多也都是一句两句带过。我讲这些话题之间的粗线条联系，你们要是谁对其中哪个话题感兴趣，可以精耕细作，写成硕士论文、博士论文，你可以专门去写联觉，可以去搜一搜文献，哪个话题都有人做过研究，听了这个课，你也许可以写出一点儿新东西。我这里讲的呢，不是那么整齐，你们可以做得更整齐一点儿，定义得更清楚一点儿，但是，你们大概要有这根弦——这是一个错综复杂的领域，谈论感知，不要像有些哲学文本那样，一上来下了个定义，好像很清晰，后来一直用这个定义来套各种各样的感知现象，最后成了一锅粥，或是引出很荒谬的结论。

我紧赶慢赶，还是赶不上预想的进度。不多讲了，还是来听听问题和批评，我这都是蜻蜓点水，等你们质疑或者发挥或者whatever。

## 问答环节

问：我这个不算是个问题，是对您说的一个补充。您刚才提到眼和手都是在inquiry，很多进化心理学家、认知科学家会说，为什么从单细胞生物向复杂生物进化中，都会进化出类似于眼睛和手这样的装置，可能是源于比如说向光性，生物需要对光有所感知，需要有个接收器，这种接收器相当于眼睛，手或者触手则具有温感性，因为生物生存或觅食需要根据适宜的温度。我最近在做的工作就是具身认知里的手眼联动（eye-hand co-ordination）。手眼联动是我们人类最不同的一个东西，我们有一个认知增强，手不断地增强眼睛的认知，而眼睛的认知又增强了手的认知，这样才进化出制造工具和使用工具的能力。

答：谢谢你的补充，眼睛起源于向光性，手起源于温感性，这个有意思。手眼联动也有意思。

第四章

# 感觉与料理论

**感知的生理机制**

我前面讲了五官之觉，还讲了因果感知啊什么的，你们听下来，好像陈老师要构建一个完整的感知理论。不是的，完全不是。实际上，我根本不认为哲学的任务是构建理论。这跟流行的想法相反。很多人，包括我们哲学老师、哲学学生，包括街上的人，都认为哲学就是干这个的，哲学就是建立一个无所不包的理论，用来说明世界是由什么构成的、世界是怎么运转的。很多哲学家干的的确就是这种工作。但我是海德格尔、维特根斯坦、威廉斯一派的，我完全不认为哲学的任务是构建理论。与其建一个哲学理论，不如来解构理论。这个我在别处阐论过，这里只说一句：你要构建一个感知理论，就要尽可能把感知从其他事情那里隔离开来，可是思想的任务正好相反，它要尽可能把区域的围墙拆掉，打通，融会贯通。我们谈感知，谈的是感知和理知是怎么联系的，感知和因果是怎么联系的，等等。

那么，谁做理论呢？科学做理论。我们都知道有一个生理学的感知理论。就说视觉吧，光子通过角膜聚焦到视网膜上，视网膜上的感光细胞会做剧烈的发放，通过神经网络传递到初级视觉皮层，在那里对这些信息做初步加工，形成初步图像，这些信息进一步传递给大脑的其他部分，例如颞叶、顶叶等区域，在那里对信息再加工一番，我们才能看到物体啊什么的。人们一开始以为信息是单行上传的，进一步的研究发现，不是一个单纯的上传过程，而是不同层级的皮层之间来来回回相互作用，知觉就是在这个反复过程中形成的。就像咱们上课要用一间教室，打申请报告，打上去又打下来，折腾好多轮，终于教室批给咱们了。当然，视觉神经比咱们的官僚机构效率高，整个过程几微秒就完成了，不像咱们打申请，挺简单一件事，几个月还没批下来。视觉的工作机制大致如此：视网膜看不到西施，但神经这么折腾来折腾去，你就看到西施了。细讲我讲不好，你们上网搜搜就可以有个大概了解，去读教科书更好。

　　光子落在视网膜上，这是看吗？视网膜当然看不见光子，只能说，光子落在视网膜上了。视网膜看不见西施，额叶的灰质细胞就能看见西施吗？在整个机制中，没有哪个环节看见西施。也许，不是其中的某个环节，而是这整个过程才是看。对神经科学来说，从来没有一个影像完整地落在视网膜上，也没有任何影像落在大脑里面的哪一张屏幕上，要说的话，一个完整的形象是大脑从各种信息中推论出来的，不消说，这里所谓推论只能是无意识推论。有一位克里克——当时发现DNA双螺旋结构的，一个是沃森，另一个就是克里克，[1]后来克里克一直在研究感觉、意识，他写过一些很有影响的书，你们可以去查去读。他写了一本《惊人的假说》，主题就是论证这个——"看"这件事是由神经元完成的。

## 生理学里没有感觉

克里克在他的书里一直是这么说的："大脑觉得""大脑在推理""大脑知道"。现在讲大脑的科普书，也都是这种说法。也许作者这样说有他的难处，不说大脑在推理又怎么说呢？他无可奈何只能这样说。可我们要警惕这些说法，至少要意识到，这不是我们通常的说法。我刚才讲到，不管怎么看都是我在看，不是眼睛在看；不是脚指头觉得疼，是你觉得疼。不是视网膜在看，也不是大脑在看。视网膜没有感觉，因为视网膜不知道这个东西的意义，视网膜有处理信息的方式，但不能说视网膜看见。视网膜只有连到我们身上才看得见，大脑也一样，只有连到我们身上，大脑才能推理、思考。是我在推论，而不是大脑在推论。

可是，生理学里没有你，没有我，没有看的人，在这个意义上，生理学里并没有感觉。当然，生理学教科书里会有一章专门来写感觉，写五官之觉。我想说的是，生理学研究的不是看，而

---

1 詹姆斯·沃森（James Watson）和弗朗西斯·克里克（Francis Crick）两人因发现了DNA双螺旋结构在1962年共同获得诺贝尔生理学或医学奖。——编者注

是视觉的下层机制。看这件事情发生在一个更高层级上，连着山山水水，连着西施，连着你我。由于这些联系，感觉这个概念有规范性的内容，我不多解释规范性了，简单说，感觉有对有错，我看见院子里有个人，哦，不对，我看错了，那是一棵树。生理过程不告诉我们什么时候我看对了，什么时候我看错了。当然，生理学跟物理学不一样，生理学机制也包含一种规范性，功能意义上的规范性——一个机制是否在正常工作。但这个不是认识论上的规范性。认识论上的规范性只有在更高层次上才会出现。

可是，这两个层次之间是什么关系呢？按克里克的想法，这个生理过程就是看，除了神经元的活动就没有什么别的了。在这整个过程中，没有你，也没有我，因为道理很简单，你不过就是一大堆神经元，你就是一台神经机器。[1]这是科学主义者的一个普遍主张。我们无法讨论这个大题目，过些日子我们要举办一个小工作坊，讨论意识问题，我打算谈谈机制性的解释是怎么回事。不过我可以提一句，在我看来，按照克里克的逻辑，我看不出我们为什么要停在神经元上，为什么我是一台神经机器而不是一台量子机器呢？

---

[1] 参见：弗朗西斯·克里克，《惊人的假说》，汪云九等译，湖南科学技术出版社，2018，第2、11页。

## 机制探究是希腊兴趣

对下层机制的研究是一种特殊的兴趣——科学的兴趣,也是科学的长项,科学在很大程度上就是干这个的。当然,这种兴趣是从哲学发展出来的,我差不多要说这是一种希腊兴趣。希腊哲学一直包括对下层机制的研究兴趣,古时候就发展出好几种视觉机制理论。其中一种是折射理论,比如太阳把光线投到你的身上,折射到我的眼睛里,眼睛收到了,我就看到了。还有一种,投射理论,这个比较复杂一点儿,眼睛会发射出一些粒子,比如德谟克利特的原子吧,到你的身体上再弹射回来,这样我就知道你长什么样子了,有点儿像钓鱼,像撒网捕鱼,更像现在的声呐。在这两种里头,倒是比较简单的那一种——折射理论,比较接近于现在的科学理论,有点儿像现在的生理学视觉理论的初级版本。

古代西方哲学的一个重要特点就是它对物事的潜藏机制很认真。我们觉得,那儿有一头猪,我睁开眼睛就看见了,这事就清楚了,可希腊人会去琢磨,这背后是要有个机制的。一般来说,事物是通过接触起作用,你碰到杯子,杯子移动,你不能靠意念让杯子移到那边去,那就成气功了,成了超自然作用。那是什么碰触到眼睛,让我们能够看到呢?一般人不提出这种古怪问题,所以我说那是一种特殊兴趣——寻找潜藏机制的兴趣。当然还有原子论。你大概可以设想一个感觉的来源,我们怎么会看到东西的,我们为什么尝有些东西是酸的、有些东西是甜的，当然他们的解释不是太对，他们是根据原子的形状来解释的。

希腊的视觉理论跟现在的生理学理论在要点上很接近。当然，他们的视觉理论只是思辨，原子太小了，他们承认自己看不到，只能思辨，不像近代科学，最后要实证。科学做机制研究，不是有个合理的想法就完了，你找出结构，找出 mechanism，还需要通过一些方法来验证，是这个机制或者不是。不过，光实证做不成科学，首先要思辨。西方很多大科学家都有超强的思辨能力，从思辨提出重要的科学假说。最突出的一个例子是，沃森和克里克在 20 世纪 50 年代提出了基因结构理论，而在这之前近 20 年，薛定谔已经提出了这个假说，大家可以去读读薛定谔的《生命是什么》，看他是怎么通过思辨提出科学假说的。贝克莱、马勒伯朗士他们的一部分工作，就可以视作对感觉的生理机制的思辨，对后来的感知生理学有前导作用。

认真对待对机制的思辨，是西方哲学的一个特点，这是从希腊开始的。比如说各种文化都有关于宇宙结构的想象，但只有希腊人会做成宇宙模型，用观察到的星图资料来检验，验证他们关于行星运行机制的理论什么的。根据希腊哲学的这个特点，我把它叫作哲学-科学。狭义说哲学，哲学单指希腊的传统，只有从这个传统能够开出科学来，别的思想传统开不出科学，这个论断我从前讲过不少，这里就不占用大家时间了，有兴趣的同学可以读读我写的《哲学·科学·常识》。从阴阳里开不出现代天文学，从五行里发展不出化学。有人说《易经》里有二进制的思想，预示了计算机，我个人不太信。五行理论不是关于化学机制的认真假说。机制研究是一种特殊的兴趣，基本只有希腊人有，当然，那是在古代，今天这种兴趣放之四海到处都是最大的兴趣，好像只有研究机制才是实实在在的研究，这又过了。

作为机制理论，希腊人的理论比较初级，远比不上现在的生理学理论。但他们的理论似乎的确在解释我们的视觉，现在的生理学理论反倒不像是在刻画我们是怎么在看，似乎并不是在解释感觉。这是怎么回事？这个问题比较复杂，我只说一句。希腊的理论跟我们实际上怎么看连在一起，恰恰因为这些理论比较初级，它们是围绕看的经验所设想的理论，现在的生理学理论不是这样，它是整个科学的一部分，跟现代化学理论、神经科学理论连在一起形成一个大理论，它的旨趣并不在解释视觉经验，而在于在另一个层面上刻画世界的运行机制。我就说这一句吧，你们没听懂没关系，是我没说清楚，说清楚要费点儿口舌。

## 我们到底看到了什么？

说了生理学理论，我再说说感知的哲学理论。我们就说感觉与料理论。在参考书目里，我列了 *Sense and Sensibilia*[1]，奥斯汀在这本书里批判感觉与料理论，主要针对的是 A. J. 艾耶尔。

---

1  J.L. 奥斯汀，《感觉与可感物》，陈嘉映译，商务印书馆，2010。——编者注

简单说来,奥斯汀和艾耶尔的主要争点是:我们感知到的是什么?

我们感知到的是什么?在哲学里头,这个问题经常会被这样提起:我们到底看到了什么?一加上"到底",问的好像就变了,你不再看见一个男人、一头猪,你看见的是某种你自己都没想到的东西。我们会说,我看见一头猪,看见了彩虹。但艾耶尔认为这只是普通人的俗见。我们会说:"哎,那有头猪哎!"艾耶尔说,你啥时候看见猪呀?你没有看见猪,你看见了猪鼻子,猪的毛色、形状,当然,也不是猪毛、猪的样子,你看见的是更小的单位——感觉与料,你从这些感觉与料推论出那是一头猪。

艾耶尔也用这条思路来讨论错觉。我们有时候会看错,比如说,你看天上的星星,结果仔细一看,不是星星,是飞机。艾耶尔说,你真正看见的不是星星,也不是飞机,你看见的是一个亮点,然后你推论说那是星星。如果你是一个比较有哲学头脑的人,你一开头就不该说看见星星了,应该说看见一个亮点。我们直接感觉到的是一些与料,一些 sense data,我们以为我们看到的东西是我们从感觉与料推论出来的。

### 直接感到和间接感到

对艾耶尔的说法,奥斯汀做了很多精彩分析。哪些东西是我们直接感觉到的,哪些实际上是我们推论出来的?这个问题不大容易给出一个简单的回答。说到视觉,有时可以区分直接看到和间接看到,我没有直接看到你,我是通过镜子看到你的,这勉强可以说成我间接看到你。通过望远镜看到一颗星星，通过显微镜看到细菌，这个也可以勉强说成间接看到。但说到其他感知，也能区分直接感知和间接感知吗？说嗅觉吧，什么叫间接地嗅到？虽然就把捉对象来说，嗅觉总是间接的。触觉也一样，没有间接地触到，你可以构想一个边缘例子，例如，你用棍子触到，但那能叫作间接触到吗？我们一直在说，视觉跟其他感觉不同，看到几乎不能说成感觉到。这一点也反映在这里。可以说间接看到，因为看到是以对象为基准的，无法说间接感到，因为感到不是如此。就算有时你能说你间接看到，你也不能说你是间接感觉到的。

奥斯汀提醒我们说，直接/间接这一对词很 slippery，使用这些词，往往不是解决问题而是掩盖问题。这样的词还有好多，比如内在/外在，你们留意一下，哲学书里这些词用得很多，黑格尔每一页都用好几次。读读奥斯汀可以让我们用这些词的时候认真一点儿，别那么乱用，读到这些词也要格外当心。

奥斯汀的分析很精彩，但艾耶尔的要害不在这里。他关注的不是我们实际是怎么感知的，他要提供的，是关于感知的一般理论，他可以认为我们在日常交往中是怎么谈论感知的跟他无关，日常语言分析驳不倒他。这种辩护，对科学理论来说大致是成立的，但对哲学理论呢？我认为这种辩护需要大打折扣，只说一点吧，你们去读读哲学著作，免不了都会用我们实际上都是怎么说的来为自己做证，既然如此，你就不能轻易违背日常说法。

说回直接/间接，这里的实质争点在于：哪些是我们感知到的，哪些是我们推论出来的。我们在讲感知和理知，一般说来，感知这个概念本来就包含直接性，我说他是小偷，我亲眼见他偷东西了，不是听别人说的，不是从蛛丝马迹推论出来的。与之相对，理知是间接的，通过听闻、通过推论知道。刚才说到望远镜，我们想到的可能还是我们看歌剧时候用的那种，[1] 但是射电望远镜呢？天文学家观察到了黑洞吗？他看到纸上抖动的一些线条，他"看到"正在脉动的天体了吗？中间隔了好多层，每多一层，就需要一层解释，在科学里，就需要一个更高层次的科学理论，才能把我们平常所说的感知跟所要确定的物理存在联系起来。

现代生理学把看见刻画为一个间接过程，这有什么错吗？这样，视觉过程就被统一到望远镜的系列里。取消了直接和间接的区别，或者说，取消了直接性。于是，取消了主体性和看见。法医没有什么错，只是他不关心谁是犯罪者。感知到什么是直接的，如果需要解释，通常是周边环境的解释，故事式的解释。把感知到什么说成解释或推论的结果一般都有害。

## 在最有意义的地方看

这其实也是艾耶尔要做的区分：只有感觉与料是我们直接感觉到的，其他所有物事，例如西施这个人，都是我们从感觉与料推论出来的。这不是艾耶尔首创的看法，其实是个很老的

---

[1] 看歌剧的那种不叫望远镜，叫观剧镜（opera glasses）。——编者注

看法，是英国经验主义者一贯的主张。感觉与料大致相当于休谟所说的 impression，印象。我们所知的世界是由印象发展出来的，或者说，印象是我们搭建世界的最小单位。

这样讨论感觉，就像是在讨论物理世界似的。在一个意义上，我们的确可以说物理世界是由最小的物理单位搭建起来的，亚原子粒子也好，夸克也好，弦也好。但怎么来确定感觉的单位呢？最小单位为什么是一个印象而不是半个印象？感觉与料为什么是一个白点而不是半个白点？一片红色，一段弧线，但伊于胡底？弧线的一小段？实际上，从来无法确定感觉与料的例子。不像视网膜上的光子，那是能够确定的单位。再说，视觉似乎还可以分割，触觉就更不容易被原子化了。象牙是比大象更小的一个单位，但对象牙的感知并不比你感觉到大象小一点儿。大象可以分解成象牙、象腿什么的，但对大象的感觉不能分解成对象牙的感觉、对象腿的感觉。我们不大知道最小的感觉、最小的意义是什么意思。感觉是连着意义的，意义不能这样分解。硬说感觉单位，那是由意义来确定的。意义能够分析，不能够分解。把感知分解成感和知带来错误反思，感知是承载意义的单位，感的意义并不比感知更小。我们别把分析和分解弄混掉，科学分解这个世界，哲学不分解。

我以前讨论过王力先生所说的"意义的最小单位"，[1] 我很钦佩

---

[1] 参见：陈嘉映，《信号、句子与词》，第 3 节"最小意义单位"，收录于：《从感觉开始》，华夏出版社，2015。——编者注

这位前辈学者，但我还是要说，"意义的最小单位"这话没意义。意义当然可以分析，这个分析不是分解，不是把一个大的东西分析得越来越小。这个分析——有点开玩笑——是分析得越来越大，你把感知分析成感和知，感比感知大，知也比感知大。知的外延肯定比感知大，感的外延肯定比感知大，因为感知是感和知的交集。

之前提到过，sense 这个词就提示我们，感知始终跟意义连着。你总在有意义的地方感知，你听到的总是有人从走廊里走过来了，你在这个意义上听到脚步声，而不是在纯粹音响的意义上听到脚步声。你听到的更不是你的耳膜在振动，哪怕你感觉到耳膜在振动。我们也说过，只有当你发现你感觉到的没有意义，一个逝去多年的朋友突然在走廊里出现了，你才转回来感知你的感知，"我是不是眼花了"，诸如此类。

我们来想一想我们平常会在什么情况下说我们推论那是一头猪。比如我们听到了猪的哼哼声，这时候可以说我推论有一头猪；或者我们闻到一种特殊的臭味；在特定的情况下，你也可能从某个栅栏里伸出的猪蹄子推论那是一头猪。推论是说，你没见到本尊，但是你有些线索。通常情况下，我不是从猪的毛色、形状推论出那是一头猪，我直接看到的就是猪，哪怕只看到猪圈栅栏里露出一个猪鼻子，因为看到猪才是有意义的。我们的"看"，我们的 seeing 是从整体开始的，这好多人讨论过，在心理学里，有所谓格式塔心理学，维特根斯坦对心理学很警惕，但跟格式塔心理学一拍即合。一个格式塔（gestalt）是一个完型，一个整体的形象，不是分析性的。我们直接看到的是整体形象，而不是看到形象的部分。一个完整的形象独立地具有意义，就像一个词语离开了用法和上下文也独立地具有某种意义，这个我后面讲到语词形象的时候还会再讲得详细一点儿。当然你可以沿着克里克的那个路线去讲，但是克里克的那个路线当然不是看到了部分，比如说看到了光子，这是完全不同的，光子根本不是这形象的一部分。这个形象、这个 gestalt、这个整体，是有感之知。我们不是从小单位看到大单位，也不是从大单位往小单位分解着看，我们是在最有意义的地方看。

我说，我直接看到一头猪，哪怕我只看到了猪鼻子，这不是自相矛盾吗？你到底看到一头猪还是看到猪鼻子？我说，我们在最有意义的地方看，但"最有意义"这话是不是悬在那里？你看见招牌上一个单词——Sale，你也可以说，我看见四个字母。这没什么矛盾的。脱离了所有上下文，什么东西都悬在那里。我这么说吧，有意义是在叙事中有意义。我不久前读到一本书，扉页上引了一句话，引的谁我忘了，意思是说，世界不是由原子构成的，世界是由叙事构成的。[1] 就算你看见的不是猪鼻子，而是整头猪，我还是可以问：你看见的是猪的前面还是后面？你看见一头猪跑过去，你不说你看见一头猪的侧影跑过去，虽然你看见的是猪的侧影。我看见一头猪，在特定情况下，如果

---

1  "The universe is made of stories, not of atoms." 此句出自美国女诗人穆里尔·鲁凯泽（Muriel Rukeyser）的《黑暗的速度》（*Speed of Darkness*）。这句话流传很广，有一本叫《书之子》（*A Child of Books*）的书，在扉页上也引了这句话。——编者注

你追问，我的确可能说，我看见的是猪鼻子。你说我看见猪鼻子就更确切吗？你看见一个鼻子吗？为什么不是三分之二个鼻子呢？为什么不是鼻子加上鼻子上面一小块呢？因为三分之二个鼻子没有意义。一个郁振华有意义，半个郁振华就没有意义。三分之二个鼻子没有意义，它放不到任何叙事场景里，它没有意义，因此我们也无法从它出发推论出任何有意义的东西。艾耶尔不是从三分之二个猪鼻子出发，而是从感觉与料出发，然而，这里依循的是同一条思路，得到的也是同样的结果——感觉与料没有意义，因此也无法从它推论出有意义的东西。

**种种看错**

你看见猪鼻子，你说你看见一头猪，你会不会弄错了？也许是谁恶作剧，把一个猪鼻子塞在猪圈栅栏之间。我当然可能弄错。怎么纠正这个错误呢？按艾耶尔的说法，你最后去看最小的感觉单位。我抬头看："哎，有架飞机。哦，看错了，那不是一架飞机，那是一颗星星。"或者反过来，以为是颗星星但那是架飞机。我看错了，我错在哪了？我检讨一番，发现我没看到星星，当然，我也没看到飞机，我看到的是感觉与料，是一个白色亮点，我有意识无意识地推论那个白点是个星星，是架飞机，是只萤火虫。如果我一开始老老实实说"我看见那里有个白点"，这个就不会错。我当然知道要是说我看见的是个白点我就不会说错。那我为什么要说我看见的是飞机呢？不是我这么说，而是我一开始的确看见的就是飞机。我们不从一个亮点开始看，而是从最有意义的地方看。看和想，首先是要有意义，有了意义，我们才关心对和错，我们才去纠正自己，那不是一架飞机而是一颗星星。如果一开始没有意义，对了错了又有什么相干？

你把飞机灯光错看成星星，并不是因为你看见了一个白点然后做了错误的推理。这个奥斯汀已经分析得相当完整了，这里不去重复。我这里想说的是，弄错一件事情，原因多种多样，与之相应，纠正的方式也多种多样。感知出了错，有时候是因为你看得不够仔细，有时候是你忽视了事情的前因后果，当然，有时候是你贸贸然做了错误的推理。

我在《说理》中举过一个例子，[1] 这个例子来自阿加莎·克里斯蒂的侦探小说《尼罗河上的惨案》。我们年轻的时候，阿加莎是侦探女王，我直到今天都迷她，但这些都是老的小说，你们都不读了。[2] 这是我年轻时候特别喜欢的一本侦探小说——据说不少哲学家喜欢读侦探小说。这个故事讲的是西蒙和他的情妇杰奎琳两个人把他的太太林内特谋杀了，他们的设计挺巧妙的，我们不多讲，大致意思就是，杰奎琳向西蒙开了一枪，打在腿上，事情发生在船舱的客厅里，在场不少人都看见了，看见杰奎琳

---

1 参见：陈嘉映，《说理》，第 9 章"事情本身与事实"第 8、9 节，2020。——编者注
2 非也，现在仍然有很多人在读阿婆的小说，其中一个原因是她的小说不断被翻拍成电影和 BBC 迷你剧，所以她的小说仍然很火。——编者注

开枪，看见西蒙腿上中枪，流出血来。此后一团混乱。当天夜里，林内特被谋杀了。西蒙在众目睽睽下被打瘫了，不可能跑过整个船舱去谋杀林内特，可以排除西蒙的嫌疑。骗局说穿了也不复杂：杰奎琳开的是空枪，西蒙是把红色指甲油洒在腿上。好了，波洛在查这个案子的时候，证人都做证说，西蒙被杰奎琳打伤了。当然，他们都看错了。他们错在什么地方？

你们可以想想，我要问你们这些证人是怎么看错的，你们怎么回答？在这种情况下，"你看错了"能靠"仔细看"看出来吗？我不多做分析，否则这个课就讲不完了。我只说结论：这个错从原则上是不能够通过仔细地看来避免的，无法靠把看到的东西分解成线条、色块来纠错。有些时候需要更仔细地看看，一对双胞胎，细看，例如，姐姐有个小痣。首先，父母通常不是靠这个标志。你仔细看，也许就看出那是指甲油，不是血迹，但那也可以是事先准备好的血液（加入了抗凝剂）。这个很难靠仔细看来确定。关键在于，仔细看并不是看到最小单位然后去推论。靠把话说得更笼统来避免错误就更滑稽了，不是流血，而是流出红色液体？不是流出，而是出现？看见本来没有红色的液体的地方出现了红色液体。出现？多奇怪的描述。

在很多情况下，人们不是通过更仔细地去看来看出他弄错了，而是把看到的东西放在不同的上下文中来看，发现自己看错了。看得更仔细，不见得是说一味盯着你的对象看，而通常是连着周边环境一起看。你看那个白点，它动得挺快，当然不是星星。奥斯汀也说到，一根直直的木棍插在水里头变曲折了。

你不可能通过更仔细地看那根木棍，你连同水面一起看，你就能够想到它是因为插在水里所以看上去像是曲折的。你把飞机错看成星星了，你更仔细地看那个白点没用，你看它动不动。波洛把大家看到的这个那个放到不同的构思之中，最后梳理出整个案情的真实情况。

在另外一篇文章[1]中，奥斯汀还讲到另外一种情况。我这么说吧，一个逃犯被追捕，跑过医院，拿到一身白大褂、一把笤帚，假装清洁工在扫走廊——电影里常见这类情节。他假装扫走廊，但是在某种意义上他也真的在扫走廊。这里，假装和真的不在于他当下做什么，不在于你看得更仔细，而在于不同的上下文。这说的是假装而不是错觉，当然，假装和看错有密切的联系，假装就是让你看错。我说这些，是为了破除我们的一个固定的思路——就好像看错总在于你对一样东西看得不够仔细，你有点粗枝大叶，你盯着对象仔细看就会看对。但现在这个逃犯假装扫走廊和真的扫走廊一点区别都没有。王莽谦恭未篡时，一生真伪复谁知？我们通常不是靠分解感知对象来发现认知在哪里出了错，而是把我们的感知对象放到适当的上下文里面，我们尝试各种不同的上下文，而不是盯着感觉对象，或者分解感觉对象。真、假、假装、真诚与否，要把周边环境引入才能确定。按照真理符合论，一个感知对一个现实，对得上的是真的，对

---

[1] 即"Pretending"，载于：J.L.Austin, *Philosophical Papers*, Clarendon Press, 1961.——编者注

不上的是错的。这条思路会带来好多不解和困难。我们要把思路转过来，对得上对不上是件整体的事情。

我也不是说你一定要同意我，你从前要是没这么想过，也挺难在一两分钟之内就都听明白。但是，这跟你习惯的思路可能会有一些不同，你在以后的探索和研究之中眼界或许会更开阔一点。

## 分析与周边环境

这里面有两条基本的思路，一种是分解到原子，一种是放到不同叙事之中。我想说，仔细看不一定是说看到对象的更多细节，一直看到"感觉中的最小成分"，好像你先看见一朵花，然后去看花心，然后去看花心里一根花蕊上的花粉，好像你看晓丽老师很年轻，你仔细看，却看到她眼角是有皱纹的。这倒是符合分析哲学的总体倾向，一味讲求精度，不问所磨制的刀具是用来砍柴的还是用来剃须的，都以磨得更精细、更锋利为能事。"草色遥看近却无"，羊毛衫上一个污渍，在一定距离看得清楚，凑近看却看不到了。粗一点儿，细一点儿，首先你要力图看到点儿什么。找到适当的距离是很重要的。你把什么都凑到鼻尖上看，细倒是细了，结果什么都没看见。

仔细看不见得是看得更细，而是认真纳入周边环境。人们常把分析理解成拆解，拆成一小片一小片来看，最后，通过分析达到了最基础的东西，不是的，分析通常说的是把这个问题放到不同的联系中来看。对分析的前一种理解，想的是一劳永逸，一旦有了正确的分析，以后就无事可干了。周边环境的思路不一样，错误会不断变换面貌，你永远需要新的考察去发现错误。你看到什么这件事总是出现在一种叙事里，所以你看到什么这个问题并没有唯一答案。在哪个水平上描述，都是由描述的目的或意义指引的。你究竟看到什么跟你此前看到什么、此后看到什么、连着什么周边环境看连在一起。随着叙事框架转变，你看到的东西就会转变。

周边环境永远是我们第一要关心的，也就是要给出一个整体叙事。我们出了错，往往需要去调整看的上下文。当然，最后也可能需要"还原"，需要狭义的细看，波洛有了对案情的大致思路，他到林内特的房间去检查她的指甲油瓶。哪里需要"还原"，是在整体叙事的转变中呈现出来的。

按说，感觉与料理论早过气了，不一定要去讲它。这个理论早过气了——一度相当流行，20 世纪前半叶吧。学哲学的人应该听说过，20 世纪中叶前，双方当时论争得相当热闹。虽然感觉与料理论现在早过气了，但仍然要谈到这个理论，因为这个理论背后的一般思想并没有过气，在我看，很多哲学学生今天仍然以为，哲学的任务是要寻找不可错的基础。理性主义者寻找的是不可错的公理、至理，一旦找到，我们就可以从这些公理出发，一步步发展出一个绝对可靠的理论。于是，我们就有了永远正确的哲学，哲学家就成了教皇、圣人，再也不会错。经验主义者呢？他们要从感觉出发，但感觉出了名地总是会出错。于是他们要在感觉中找到一些元素，一些绝对不会弄错的元素。你看见什么了？他不说飞机，不说星星，他说，视域中浮现出一个白点，倒是不会错了，可他并没有回答看见什么这个问题。前面说，在意义最丰富处感知，现在我要说，我们力求在意义最丰富处言说。哦，也不一定，也常有人说啊说啊，说了好多，你不知道他在说什么，那我只能说，人与人真的不同。

**感觉的生理机制理论 vs 感觉与料理论**

感觉与料理论值得讲一讲，对我来说，还有一个很重要的原因，在我看来，它是哲学理论的一个范本。前面提到过，我个人从根本上认为没有哲学理论这回事，理论是科学的事儿，在这个问题上，我跟维特根斯坦、海德格尔、威廉斯他们是一伙的，跟大多数人的想法相反，他们以为哲学是专门做理论的。拿感觉与料这个理论当一个范本，跟生理学理论对照，多多少少可以看到我为什么不相信哲学理论。

感觉与料理论跟生理学理论看起来颇有点相像。我们最初接受的是些 sense data，通过各种推理——推理过程很复杂——最后我们看到了山山水水，看到了西施。在生理学理论里，最初是视网膜接收到一些光子，然后，神经系统经过一番加工，我们看到了这个那个。在科普书里，生理学家也把神经系统的加工过程叫作"推理"，前面提到克里克的《惊人的假说》，你去读一读，一直在说，神经"推理"、大脑"认为"什么的。

在感觉与料理论那里，感觉与料是 the given。在这个基础材料上你往哪个方向推理，这不是 the given 的事儿。它们是一些建筑材料，拿它们来建造一个怎样的世界，是我们的事儿，不是这些材料的事儿。罗素持感觉与料理论的那个阶段，把自己的哲学叫作中立一元论，意思是说，这些材料本身无所谓主观客观，但无论客观世界还是主观世界，都是用它们构建起来的。这样一来，好像就摆脱了主客观这对恼人的二元对立。后来，卡尔纳普写过一本《世界的逻辑构造》，就是从中性的感觉与料开始构建整个世界。

感觉与料是 the given，光子也是 the given。这两种 given 有什么不同呢？生理学家从光子开始，但这只是某个生理过程的开始，而不是整个世界的开始，光子在打到视网膜之前早就存在了，早就在别的什么地方转悠了。简单说，光子是某种客观的东西而不是对主观客观中立的东西。正因为如此，这个客观过程怎么产生出感觉这种"主观的东西"就会成为一个问题，所谓解释鸿沟问题。

感觉与料跟光子有什么不同吗？说到中立，它没什么不同——我们前面说到过，所谓客观，一个主要的意思就是中立。说感觉与料是中立的，其实等于说它是客观的。所以，感觉与料理论同样面临这个问题：它怎么一来就能构建起主观世界呢？光看感觉与料你看不出来，秘密藏在 given 这个说法里。感觉与料是 the given，given to whom？或者，given to what？在生理学里很清楚，光子被给予视网膜，视网膜发出的信号被给予……

然而，感觉与料被给予谁了？这当然不是论者忘了说明，是他没法挑明了说。因为感觉与料被给予你和我，必须有你和我，才有感觉，与料才能是感觉与料。

如果我们必须连着 given to whom 才能理解 the given，那么，the given 一开始就不是中立的。要保持中立，就不能一上来就连着你我，可是，不连着你我，感觉与料就始终是中性的、客观的，跟主观没什么关系。感觉与料理论也好，后来的感受质也好，都好像跟任何主体都不相干，就在世界里这么飘着。你们去读读感觉与料、感受质，通常都用视觉举例，红色啊什么的，我们前面讲到过，视觉有它的独特性，我们甚至不把看到一片红色叫作感觉，讲感觉，包含着切身性。一片红色没有切身之感，要是换成触觉，一阵剧痛就很难中立。的确，触觉里的什么是感觉与料？你很难区分出来。

感觉与料就这样在世界里飘着。用这种方式刻画光子当然没问题，但你不能这样刻画感觉与料或者感受质，因为这样一来，感觉与料这种 given 就不可能是感觉。我们说，生理学里没有感觉，同样，感觉与料理论里也没有感觉。因为这里只有 the given，没有 given to whom。而感觉的核心是：你得有感觉者才能感觉。视网膜看不见光子，也看不见感觉与料。感知总是你在感知、我在感知，而不是感官在感知。视网膜看不见，这是老话，视网膜只有连在整个身体上才看，大脑只有连在整个身体上才想、才推理。前面我曾说到，生理学里面没有感觉。现在，哲学模仿科学的做法，结果，在感觉哲学里，感觉也消失了，只剩下孤零零的感觉与料,在意识哲学里,意识也没有了,只剩下孤零零的 qualia。

## 生理学之为机制理论

我们刚才看到了,感觉与料理论与生理学感知理论有些地方很相像,有些地方则很不一样。

不过,感觉与料理论不是一个科学假说,它不是在生理学的视觉理论之前的一个假说,在它提出之前,生理学机制理论早就有了。它不是生理学理论的前导,那它是什么呢?它是反过来在模仿生理学理论。感觉与料理论不是科学假说,倒不如说,它是科学理论的哲学模仿、哲学翻版。这不是一个特例,现在所谓哲学理论,在我看来,差不多做的都是这种东西,不是一个有生产力的科学假说,而是现成科学理论的一个苍白的影子。民间哲学家做的哲学体系好多都属于这种类型,依据对量子力学、神经理论的一点儿初浅理解,建造起一个相应的哲学理论。现在,学院哲学也普遍有一种模仿科学的倾向。当然,不可能做得真像自然科学,生理学要做的,是弄清楚感觉的生理机制,这就需要探索一个微观世界。这个微观世界里的东西是我们平常看不见的、感知不到的,你得通过实验等手段确定是不是那么回事儿。他说"光子打在视网膜",我们看不见光子,他得靠实验把它查出来,实证它存在。我们平常眼见为实,长颈鹿存在,你不信,领你去看一看。科学家也需要领我们去看一看,只不过，现在我们无法直接看到，只能间接地看到。从伽利略的望远镜开始到列文虎克的放大镜、显微镜等。但是，望远镜里看到木星的卫星，木星就真的有卫星吗？有人不相信伽利略的理论，伽利略就拿着望远镜请他自己来看看，看了，可那人说："我怎么知道我通过望远镜看到的是个啥东西？"教科书里讲这个故事，说那个人是个死顽固，看到了还不承认。其实也不尽然，如果是透过哈哈镜看到的呢？你再想一想电子显微镜、心电图，你看到的是什么呢？你看到几条波线，那是啥东西啊？你的看越来越间接，你看到的是什么，需要越来越多的解释，包括对电子显微镜本身的工作原理的解释。这些内容构成了科学理论的一个有机部分，科学理论不仅解释我们看到的东西，它同时需要解释我们是怎样看到的，解释看到的机制。

确定光子存在，这是发现一个新的事实。哲学家从来没发现过什么新的事实，因为他不是靠这种方式工作的，他通过辨名析理的方式工作——通常所谓分析的方式。在这个上下文中，我推荐维特根斯坦的一句话：要解决哲学问题，不是去寻觅新的事实，不需要任何新的东西。[1]这话你们听着可能觉得奇怪、陌生，但我不去多加解释，你们可以先把它记着，以后对科学和哲学的区分有更多思考经验的时候，会有自己的体会。但我可以提到，并非只有维特根斯坦一个人这么说，他这话遥遥呼

---

1 "这些问题的解决不是靠增添新经验而是靠集合整理我们早已知道的东西。"出自：维特根斯坦，《哲学研究》，第 1 部分第 109 节，2005，第 55 页。

应了2000多年前中国哲人庄子说的一句话：天下的人都在追求他所不知者，没有人——当然除了他之外——去追求已知者。[1] 这里有两种"不知"。汉语的语法搭配你知道不知道？你肯定知道，你说话一直说得挺顺的，宾语你很少放在前面，放在前面的时候有放在前面的道理。可让你开一门课讲汉语语法，讲主动、被动、主谓宾这些结构，你讲不了。有这么一种认知，我们把它叫作哲学，它是对已经敞开在我们眼前的东西加以理解，来理解我们已经知道的事情。你也不妨这样来领会庄子所说"有待"和"无待"——当然，他讲的不完全是这件事——但可以套用这话说，科学的工作是"有待"的，需要不断去发现新事实、建构新理论；而哲学的工作是"无待"的。这种"无待"在哲学里有个常用的说法，叫作"先验的"，我个人认为，"先验"这个提法很误导人。哲学当然需要面对经验和事实，只不过它的任务不是去发现新事实，它是对已知的事实、已有的经验的反思。[2] 我们不知道我们未来会发现哪些新事实，会获得什么新经验，我们无法反思这些东西。我们无法反思未来，所以黑格尔会说：只有在暮色苍茫之际，密涅瓦的猫头鹰才会展开翅膀。当然，这不是说，哲学跟未来没关系，我们如果不理解自己已有的经验，我们就根本谈不上有个未来。

---

[1] "天下皆知求其所不知，而莫知求其所已知者。"出自：《庄子·胠箧》。
[2] 维特根斯坦是这么说的："但并非我们仿佛要为此寻觅新的事实；而是：不要通过它学习任何新的东西正是我们这种探究的要点。我们所要的是对已经敞开在我们眼前的东西加以理解。"出自：维特根斯坦，《哲学研究》，第1部分第89节，2005，第49页。

关于哲学和科学的同异还可以说很多,但我只说这一点儿。感觉与料理论与科学理论形似,但作为一种哲学理论,它在实质上不可能成为一种科学理论。它不是一个关于机制的理论,一个关于 mechanism 的理论,它是通过对我们感觉过程的分析和思辨建立起来的理论。但也不要把它当作科学假说那样的思辨阶段,科学假说要千方百计把自己跟观察证据和实验证据连到一起,感觉与料理论却无从实证。另一方面,我们也不是靠新的证据来反驳这样的理论,我们需要做的是通过辨名析理揭示出它哪儿分析错了。

**形而上学:把哲学混同于科学理论**

感觉与料理论不是科学假说,那么,它是什么呢?形而上学理论。在维特根斯坦看来,这个就叫作形而上学。在他那里,形而上学不是个好词儿,是需要被批判、被克服的。你们都知道,当代哲学家十个有九个反形而上学。其实,从前正面使用这个词的哲学家也不多——跟你们的想象不一样。

什么是形而上学?一千个人有一千种理解。按照维特根斯坦的理解,所谓形而上学就是把哲学跟物理学搞混了。[1]我不知道别人怎么看,我觉得这话一针见血。康德就曾说过,形而上

---

1 "哲学研究:概念研究。形而上学的根本之处:没弄清楚事实研究和概念研究的区别。形而上学问题总带有事实问题的外表,尽管那原本是概念问题。"出自:维特根斯坦,《关于心理学哲学的评论》,第 1 部分第 949 节。

学的方法与牛顿研究自然科学的方法是一样的。[1]牛顿科学硕果累累,这让康德怪羡慕的,想着在哲学里采用了牛顿方法,也可以硕果累累。大家都知道,牛顿之后,自然科学不断进步,的确硕果累累,康德之后的哲学呢?仍然是众说纷纭,争讼不已。

感觉与料理论模仿生理学理论,它并没有做出什么有解释力的贡献,只是把科学理论"上升"成了哲学理论。并非只有哲学家在做这件事情,或者说,不是只有哲学家会混淆哲学和科学,不少科学家也喜欢把科学引向形而上学。我上面提到克里克的《惊人的假说》,他一面介绍视觉的生理学机制,一面时不时得出一些形而上学结论。好多西方科学家不满足于只做科学家,他们有更一般的思想的追求,但这时候他们也很容易犯同样的错误。好在他们本来不靠哲学吃饭,在科学领域的成就实实在在。他们在做科学的时候不会这么糊涂,这么糊涂他们就做不下去了,但在谈论哲学问题的时候,他们常常把两者混为一谈。克里克在谈感觉的时候是这样,后来在研究意识的时候也是这样。他把意识刻画成一个信息加工过程,一种纯粹生理学的刻画。这没问题,你研究某些特定意识的产生机制,是要这么刻画,但你并没有在概念层面上澄清意识是什么。

讲到意识,大家也知道,意识研究既有科学的进路,也有

---

[1] 在《西方哲学史:从苏格拉底到萨特及其后》中有这句话,书里引用康德的原话是:"形而上学真正的方法和牛顿引入自然科学并在其中产生了硕果累累的方法,从根本上说是一样的。"出自:撒穆尔·伊诺克·斯通普夫、詹姆斯·菲泽,《西方哲学史:从苏格拉底到萨特及其后》(修订第8版),匡宏、邓晓芒等译,世界图书出版公司,2009,第270页。——编者注

哲学的进路。人们都在鼓励这两条进路联手工作，但怎么合作始终只有一个模糊的概念，结果往往不是合作，不是互相启发，而是产生了一堆混淆。我本来计划专门讲一讲意识问题，但前面几节课占用了超出计划的时间，这个课上就不准备专门谈意识了。

## 问答环节

问：您讲到科学和哲学的混淆，我读过您的《哲学·科学·常识》，那里讲得更详细。但您也讲到，希腊人不区分科学和哲学，我的问题是，您为什么不批评希腊人，好像他们站在文明的高峰，而现代人就是"哲学和科学的混淆"？我猜想的思路可能是和科学革命有关，但具体还是不太明了。

答：很有意思的问题。我为什么不去批评希腊人？希腊人也混淆，而且，维氏所反对的形而上学可以溯源到这种混淆，海德格尔就做这个，他把负面意义上的形而上学一直追溯到古希腊哲学的存在与存在者的混淆。

这种批判是成立的。不过，我自己会再调整一下看待这件事情的眼界。希腊人混淆了太阳、金星、月亮的宇宙论角色，把它们都归为 planets，在我们看来，太阳应该跟其他恒星归在一类。但这样指责希腊人的混淆显然有点儿无厘头。希腊人关注的是宇宙的几何结构，跟我们的宇宙学旨趣大不相同。给定他们的宇宙学旨趣，他们自然不会把太阳和天狼星归为一类。要批评，就要批评希腊的整个宇宙观念。的确，他们的宇宙观念是错的，但说这个没有多大意思。有意思的是弄清楚他们的宇宙观念是什么样子的，与我们的宇宙观念有什么不同，错不错是明摆着的，没多大意思。希腊人注重的是系统理知，从这一旨趣来说，几何学和政治学没什么区别，两者若说区别，希腊人也是从别的方面来探索两者的区别，例如，从理论科学和实践科学来区分。这种混淆也会带来危害，例如，他们有一种倾向，认为在政治领域也可以获得唯一真理。希腊人自己也认识到这一倾向有疑问，亚里士多德通过理论科学和实践科学的区分来纠正这一倾向。但他们不可能像今人那样来区分哲学和科学。如你所说，这要等有了科学革命才变得清晰起来。

归总下来，我不去指责希腊人混淆，因为希腊人不可能区分哲学和科学，若说错，他们错在别处。在今天，混淆就不对了，因为我们本来可以更清楚地看到哲学和科学的区分。如果我们去指责希腊人混淆，与其说针对的是希腊人，不如说是针对当代的。

第五章

# 闻知与他心

我们前面主要讲了感知，现在我们来讲讲理知。当然，讲感知的时候，我们常常是对照理知来讲的，所以下面的内容，不少我们已经讲过了。如果讲过了，我就少讲一点儿，或者在不同的上下文里加一点儿发挥；没讲过的部分，我就讲得详细一点儿。

**闻知**

在这个课程一开始我们讲到，有些事情我们只能感知，有些事情我们只能理知，有些事情既能感知又能理知。涉及只能感知的事情，我们举例说，要知道梨子的滋味你就必须亲口吃一吃。现在，这个梨子我没吃，王峰告诉我，"哎，你别吃了，这个梨子特别酸。"如果没有理由不相信他的话，那岂不是说，我不一定非要吃一吃才能知道梨子的滋味？扩大言之，我一定要坐过牢才知道坐牢的滋味吗？我一定要偷过东西才知道偷窃是什么样的吗？如果是这样的话，那我就只能封闭在我的切身感知之内？但实际上，我虽然没坐过牢，也多多少少知道坐牢的滋味。

这个知道，有一个说法，叫作闻知。我们一直讲感知和理知，这是最常见的一种两分，但是，墨子在区分知的类型的时候，他分成了亲、闻、说。"亲"有点像后来罗素的亲知，也跟我们说的感知差不多；"说"就是推理，相当于我们说的理知，两者中间还有一个闻知。其实，罗素区分亲知和描述之知的时候，又把描述分成两部分，分成听说与推论；这么一来，他的分法就跟墨子的分法一样了，只不过在墨子那里，亲、闻、说是并列的，在罗素那里，亲知跟描述之知并列，描述之知下面分成推知和闻知。说起来，推论和听说是两种十分不同的获知方式，把它们揽在一起似乎不大合理。罗素采用这种分类法，是基于一种基础主义的知识理论——依循英国经验主义传统，一切知识都来源于感知或亲知，推论和听说无论怎样不同，它们都是衍生的获知方式。亲、闻、说这三者之间的关系到底是谁并列谁、谁从属谁等，我觉得可以写一篇硕士论文，比较一下墨子和罗素。

闻知非常重要，我们知道这个知道那个，"闻"是主要来源。今天晚上我们挑一家饭馆去吃饭，哪家好？哪家好、哪家不好，你大多是听你朋友说的，或者上大众点评查出来的，都是听说的，要真把上海的饭馆都吃一吃，那也太吃货了。我们知道的大多数事情是听来的。事实上，现在给你 10 分钟让你写下你都知道些什么，比如，你知道哪个歌星婚外恋了，知道水是由 $H_2O$ 构成的，知道司马迁写过《史记》，等等，你就发现，你的知识的 99% 都是闻知的。特别是当代人，即使没上过学的，他的多数知识也都是闻知的，更不用说咱们这些受过系统教育的。现在有了互联网，你们成天泡在网上，全靠耳食，对现实几乎没什么经验了，对，有个虚拟现实，那也许还有虚拟经验吧。反正跟墨子他们不太一样，他们还主要生活在经验世界里。闻知大大扩展了我们的所知世界，亲知也好，感知也好，范围是非常小的，现在我们所知的世界非常巨大。不过，闻知不如感知那么切身、厚实，这个是我们这一讲要讲的。

**闻知的源头**

很久很久以前，人们没有太多推论出来的知识，特别是他们不会做系统的复杂的推论。系统理知、长程推论是理知时代的特点，比如，通过推论得出月球跟地球的距离，这些推论是很麻烦的。但是，远古之人也不是囿于自己的感性世界，我们走入原始文化，发现他们都接受一个感知的经验世界之外的世界，一个天上的世界，一个祖先的世界。这些世界，他们都是听说的，通过闻知知道的。这就是我们所说的传说。他们不但相信那个世界，而且，那个世界比这个世界更可信、更重要。

人从第一天就相信有一个感知之外的世界，有一个我们经验不到的世界。他们通过传说和神话知道开天辟地的世界，这在远古人看来很自然。对我们这些当代的理知人来说，空间是没有间断的，时间也是没有间断的，在我们看来，1000年前就是100年前的10倍，100年前就是10年前的10倍。空间也是这样。但是对远古人来说不是这样，他们区分两个世界，一个是我们能够感知的世界、能够被经验的世界,另外一个是很久很久以前的世界、很远很远的世界。在这个世界里,你靠经验了解各种事情,但对于那个世界,我们不问你是怎么知道的,它跟我们这个经验世界属于性质不同的世界。我们不能轻易把我们的观念加到古人头上,那样会完全误解古人是怎么看待世界的。

但是,到了理知时代,有了屈原那样的理知人,他就要求那个世界也服从这个世界的道理。他开始反思,如果我们追根溯源,一切闻知不是必须要么来自亲知要么来自推论吗?罗素就主张所有闻知之事最终都来自亲知。我们读屈原的《天问》,第一句就是:"遂古之初,谁传道之?"屈原的问题是,开天辟地这件事,我们是怎么知道的?通过传说知道的。但是,总得有个人看见了开天辟地,才能传下来吧。可是开天辟地的时候还没有人呀,那么我们怎么能相信开天辟地这回事是真的呢?

我们现代人,像屈原这样想,像罗素这样想,没什么了不起,传说也有个头,到这个头上,得有人感知。但屈原了不起,因为他还站在理知时代的开端处,这个问题屈原能提出来,屈原之前的人就不一定提得出来。传下来的东西,他信以为真,可能比他们亲身经历的事情更相信。这不能只从认识论来看,还要从社会学来看,大家都信的东西更真实还是我自己的亲身经验更真实?

这样两个世界的观念,在早期的理性思辨那里还留下了一些痕迹。你们都知道,在亚里士多德那里,有月上世界跟月下世界之分,这两个世界服从不一样的道理。比如说,月下世界有四种元素,月上世界则由纯净的以太构成,诸如此类。当然,希腊哲人不再满足于通过传说来了解那个世界,而是通过理知去了解那个世界,但无论如何,他们还是区分两个世界,而且,虽然他们努力通过理知去了解月上世界,但是这个月上世界还是保留了不少传说的痕迹。到了伽利略和牛顿那里,一个根本的转变就是打破了两个世界的分隔,月下世界和月上世界服从于同样的法则。柯瓦雷的《从封闭世界到无限宇宙》[1]一书专门讲这个,还讲到消除了两个世界之后,引发了现代思想的一系列问题。

你可能会说,我们现在仍然区分两个世界,经验世界和科学告诉我们的世界,科学告诉我们的极宏观的世界和极微观的世界,那也是我们经验不到的。如果你这么想,我会翘大拇指。不过,经验世界和科学世界的区别是另一种,不再是时空上远远的世界,而是另一种区分,就好像我们当下经验到的世界,背后有一个科学世界,我们当下看到五颜六色,背后有好多不同频率的光波。

不管怎么说,屈原了不起,墨子了不起,他们开创了理知时代,传说说的,不一定是真的。比我们现在有些人强,我们在网上看到这个那个,都信,也不见得都信,专门信那些合乎自己心意的。

---

1 亚历山大·柯瓦雷,《从封闭世界到无限宇宙》,张卜天译,商务印书馆,2019。——编者注

## 语言能否传达感知？

遂古之初的事儿，我们感知不到，我们是听说的，是前人传下来的。靠什么传下来？靠语言。这是语言的厉害之处，它跨越空间、跨越时间，把一件事情传到东南西北，传到古往今来。结果，就像我刚才说的，我们今天知道的事情，差不多都是听来的。语言神通广大，能够把天边海外的事情传来传去，不过，我们知道的事情，虽然主要来自闻知，但在知的性质上，闻知似乎够不上跟亲知和推知相比。我从前没有感知过的东西，现在我感知了，比如说，我从前没喝过红酒，现在喝过了，我就多知道了一点儿什么；推知也是，你通过推理知道地体是圆的，从前你不知道，现在你知道地体是圆的了，这是一种新知识。感知和推知都可以是新知，闻知则不是。

而且，跟亲知相比，闻知似乎来得不那么实在，你告诉我梨子酸，我就知道梨子酸，但我还是吃了一口才实实在在知道那是个什么酸法。我给你讲我坐牢的故事，你有点儿知道坐牢是怎么回事儿了，可是你当真知道吗？跟亲身经历相比，闻知显得挺单薄的。我看到一只甲虫，告诉你那儿有一只甲虫，你知道了那里有一只甲虫，但你不知道那是什么甲虫，是七星瓢虫吗？我可以继续描述甲虫壳上的斑点、光泽、爬动和起飞的样子，但似乎我一眼看到的东西，也是说不尽的。

尤其是我们深心的感受，似乎更难传达。安娜坐在马车里，奔赴她的宿命，她听到行人在说话，心里想：难道一个人能把自己的感觉说给另一个人听吗？我给你讲我坐牢的感受，不管讲了多少，最后，我还是可能说，唉，你不明白，你没坐过牢，你永远不会真正知道坐牢是什么滋味。你爱一个女孩儿，你鼓起勇气，把"我爱你"说出口来，可是，"我爱你"太普通了，心里那份纠结不清的东西似乎完全没说出来，而且怎么都说不出来。我不是在这里无事生非，这里有一个很多人钟爱的话题，可说不可说这个话题。而且，如果酸的滋味、爱的况味只能自家体会，不可言说，那么，我们似乎也就永远无法知道他人内心的感受，于是，不可说又连到"他心问题"。这是一个自古以来的争论。不少哲学家主张，一个人只能知道自己的心，不能知道他者的心，我们永远不可能知道鲦鱼是不是快乐，不可能知道世界在蝙蝠眼里是什么样子，不可能知道你感到的酸是不是我感到的酸。我们普通人有时也会说，人心隔肚皮，没谁当真知道他人的心，"知我者其天乎"，要么只有月亮知道。但反过来，事情好像也没那么邪乎，你被刀子划了个大口子，龇牙咧嘴，我就知道你疼，你站在十米跳台上，说，我好害怕，我知道你害怕，不仅仅在理知层面上知道你害怕这个事实，而且知道你害怕是个什么样的感觉。

不可说，有时候是因为不可知，例如上帝在想些什么，人类社会一百年后会是什么样子。因为不可知而不可说，这最好放在不可知题下谈，这里要谈的是这一种：明明知道却说不出来。你心里充满爱意，一说出来，却空空洞洞的，完全没有表达出那份刻骨铭心。

## 描述与表达

讨论可说不可说的时候，维特根斯坦有这么一段话，列出三个问题：勃朗峰高多少米？"游戏"这个词是如何使用的？单簧管的声音是啥样的？[1] 我们先不讨论"游戏"这个词怎么使用，这是概念考察层面上的问题，这个说得出说不出跟另外两个例子不在同一个层面上。先来说说另外两个例子。你只要知道勃朗峰高 4810 米，你就能说出来，你可以不告诉我，但不会明明知道却说不出来。可是，你知道单簧管的声音是啥样的，你一听就知道，但让你说，你不一定说得出来。不是完全说不出来，比如说，你可以说单簧管的声音饱满圆润，饱满圆润没说出很多，但多多少少说出了一点儿。

单簧管的声音是啥样的，这个你是通过感觉知晓的，勃朗峰的高度则是理知层面上的知晓，不是感知，勃朗峰的高度是 4810 米，这个你感知不出来。我在别处说过，事实本来就是为理知剪裁而成，用来论证、推理。[2] 从林林总总的事情中剪裁出事实，本来只能靠语言，所以，一个事实，不可能你明明知道却说不出来。而且，一个事实，说出来就说完了，勃朗峰的高度是 4810 米，一句话你说完了，再让你说，你没的可说了。

你说勃朗峰高 4810 米，这是个陈述，陈述一个事实。单簧

---

1 维特根斯坦，《哲学研究》，第 1 部分第 78 节，2005，第 43 页。——编者注
2 参见：陈嘉映，《说理》，第 9 章第 2 节"事情与事实"，2020。——编者注

管的声音饱满圆润呢？你似乎不是在陈述一个事实，而是在描述你的感觉。勃朗峰高 4810 米，单簧管的声音饱满圆润，这两个都是言说，但它们是不同的言说。此外当然还有其他种类的言说。孩子看着一只甲虫，对妈妈说，这只甲虫身上有七颗星星，他这是在描述甲虫，他对妈妈说我胃疼，说我害怕，他不是在描述什么，他在表达他的感觉。偏于对象方面，适合说描述，偏于感受方面，不适合说描述，说表达。描述甲虫，我们区分描述得正确不正确，表达感受，我们更多谈论适当不适当。当然，这个区分只是提示性的，两者自有微妙联系。实际上，诗人不说我心焦啊，我愁苦啊，他很可能只是状物写景，只说了"西风吹渭水，落叶满长安"，感受、情绪却尽在其中了。[1]

语言理论里往往把所有词语都叫作"表达式"，作为一个论理词，随它怎么叫，但不要因此被误导，把所有言说都想成是在表达，[2] 我们用表达式来表达、陈述、描述、感叹。这些言说方式有种种区别，我眼下想说的是，陈述一个事实，一句话陈述完了，描述一样事物不尽如此，我给你描述一只甲虫，可以粗粗描述，也可以细细描述，形状、大小、颜色、斑点、它飞起来的样子，可以描述得越来越细，细到没有尽头。描述仿佛把你看到的、感到的转变为一些事实，但你看到的、感到的，不

---

[1] 参见：陈嘉映，《简明语言哲学》，第 14 章第 5 节"蕴含与分析"，中国人民大学出版社，2013，第 238—239 页。最完整的表述见 2019 年山西大学语言哲学系列报告第一讲第一部分"描述与表达"。——编者注

[2] 参见：陈嘉映，《说理》，第 4 章"论理词与论理"，2020，第 165 页。——编者注

可能尽数转变为事实。

描述甲虫可以粗粗描述也可以细细描述，但是单簧管的声音、咖啡的香味，似乎很难细细描述。这又一次牵涉到视觉和其他感觉之间的区别。一般说来，视觉印象可以描述得很细，味觉、听觉很难细描。你说这种咖啡香，怎么个香法？你说是浓香，似乎仍然离说清楚还差得很远。你可能会想，这是因为我们的语言里谈论听觉、嗅觉的词汇太少，我们多造出一些词汇，就可以把单簧管的声音、咖啡的香味描述清楚了，就像我们用整数说不清 6.4 是多少，我们发明了小数，就能够说清楚了。但为什么词汇太少呢？上面引用维特根斯坦列举的三句话，他接下来就问：那我们为什么不多造出些词汇来呢？

造出更多词汇帮不上什么忙。而且，我们的语言也容不下太多的语词，如果我们有一亿个词，这种语言就无法工作了。反正我们不是靠一味造出更多语词来丰富言说的，坐牢的经验细说起来可能很丰富，这靠的不是造出很多很多词汇，丰富性靠的是有限词汇的无限组合。[1]

"描述"这个词，主要跟视觉连着。我们说到过，在谈论我们看到什么的时候，我们通常并不是在谈论感觉，而是在描述视觉对象，描述甲虫的时候，你主要在描述那只甲虫而不是你的感觉。谈论其他感觉则不同，你很难脱离感觉自身来描述感

---

[1] 参见：陈嘉映，《简明语言哲学》，第 15 章第 2 节"区分、对应、本体论"，2013，第 244 页。——编者注

觉到的东西。梨子酸,这是在描述梨子这个对象,还是在描述你的感觉?好像都是。你看见一面红旗,红色属于旗子,不是你眼红,你吃到酸梨子,梨子酸,牙也酸。你要说酸是梨子的性质,那这种性质总是连着你的感知,你非得通过亲身感知才能知道。要说梨子酸是个事实,这类事实不同于这个梨子半斤重或者勃朗峰高 4810 米这类"纯粹事实"。[1] 问你看到什么,总是在问你看到的对象是什么样子的,问你感觉到什么,你的回答里既有对象方面,也有你感受的方面。

"感觉"和"感受"这两个词常常混用,但细加分辨,感受更多强调感觉中属我的一面。你咬了一口梨子,说,好酸。说起来,这更多是在表达你的感受,而不是在描述梨子。"好酸"这话有点儿像打针的时候喊"好疼"。我们说到情绪,说到心里满满的爱意,也是从属我的一面来说的,这时候都适合说表达,不适合说描述。你表达不满,而不是描述不满。你对女朋友说"我爱你",那是爱情的表达,不是在描述你的感情。

那么,我们能不能描述感受本身呢?我们可能想,既然我知道我的感受是什么样子的,我就可以把它描述出来,就像我要是知道一只甲虫长什么样子我就能把它描述出来。你怎么描述一只甲虫?你看着它描述,你会仔细端详甲虫,描述得更仔细一点儿——这只甲虫什么形状、什么颜色、有几个斑点、它

---

[1] 参见:陈嘉映,《说理》,第 9 章第 24 节"事实的说话方式",2020,第 383 页。——编者注

飞起来什么样、停下来什么样。你甚至会为此动手解剖甲虫。

我怎么描述感受？想想医生要求你描述一下你牙疼的感觉是什么样子的。你"看向"你自己心里。嗯嗯，就好像你内视自己的疼痛，通过 introspection 看入自己的内心，你"观看"感受，就好像感受是个对象——说到描述，你除了描述对象还能描述什么呢？我们可以把这个叫作感受的对象化。通过言说或者理知把感受变成一个对象，就好像把原来只属于自己的感受拿了出来，让别人也能看到。

我们能够描述感受，而且只能像描述对象那样去描述，这很容易让我们把感受混同于一般对象。然而，感受并不当真是甲虫那样的对象。你指着甲虫教"甲虫"，"甲虫"指的就是甲虫，你指着橙色教"橙色"，橙色就是你指的颜色，但你无法用这种指物方式来教"痛苦"这个词，你指着痛苦的表情教"痛苦"，然而，"痛苦"指的不是痛苦的表情而是痛苦的感觉。[1]

感受不是甲虫那样的对象，但另一方面，我们又能像描述对象那样来描述它，那么，我们也许可以把感受叫作"内部对象"？把甲虫叫作外部对象，把疼痛叫作内部对象，算是个权宜之计吧，但我觉得还是不要采用内部对象这样的说法，"对象"这个词已经含有外部的意思，内部对象这样的提法会导致更多

---

[1] 陈嘉映，《简明语言哲学》，第 9 章第 4 节"私有语言论题"，2013，第 141 页。——编者注

的混乱。object，跟我们相对而立，不跟我们连着。甲虫是个对象，它跟谁都不连着，而感受却总是某个人的感受，真要说指，你并不指向疼痛这种感觉，你指向那个疼痛的人。"指的是疼痛"跟"指的是甲虫"的深层语法不尽相同。正是在这一类意义上，维特根斯坦说疼痛不是名称。

甲虫放在那儿，我们看，我们描述，不管看得仔细不仔细，描述得正确不正确，都跟它是谁的甲虫没关系。你说这只甲虫是橙色的，你说得对不对，我们可以查看一下甲虫，你说你心里悲伤，我们去查看什么？你描述不清你盒子里的甲虫，你可以打开盒子把甲虫拿出来给我看看，可是你描述不清你心里的感受，却无法打开心扉把感受拿出来给我看看。所谓掏心窝子、打开心扉，靠的还是言说。

## 描述不出切身性

我们可以描述自己的感受，可是，为什么我们常常还是会有一种说不清道不白的感觉呢？我向医生描述我的牙疼是什么样子的，但疼痛的那股苦楚似乎没有传达出来。感知似乎总有说不尽的方面——咖啡的香味，心里的爱慕，坐牢的滋味。你跟女朋友天各一方，你对她说你想念她，可是你心里那份想念，好像怎么说都没说尽，不管说了多少，似乎还是别有一番滋味在心头。

那么，你再描述得更细一点儿呢？好像没什么用。我告诉你梨子酸，你问我怎么个酸法，我说果酸那种酸，不是醋酸那种酸，接下去，我可以描述得更细一点儿，我甚至可以发明出一个酸度表，然后训练自己区分出 20 个酸度阶梯，就好像我们把勃朗峰的高度测量得更细一点儿，不是 4810 米，而是 4810.154 米。但我借此说出了我对酸的感受了吗？这个酸度阶梯对应的是对象的更多细节，并没有帮助你更恰当地传达感受。事情似乎正好相反，你仔细描述酸度，像是在做科学，你变得客观了，反而离开切身感觉更远了。你不带情绪，才能仔细描述情绪。前面说到，描述感受的语词很少、很粗，我们还问到，为什么我们不发明更多的语词来描述感受？现在看来，发明更多的语词帮不上很大忙，因为我们通常不是靠描述感受来传达感受。没有传达出来的，不是感受的细节，而是感受的切身性。你要去描述你的牙疼，你只能像描述甲虫那样，把它当作一个对象那样去描述，把它作为 what 来描述，好像那是别人的感受似的，现在，它变得跟一个对象似的，跟你没有什么特殊的联系了。

刚才说到，不可知而不可说没什么奇怪的，怪的是有些事情"我明明知道却说不出来"。什么事情呢？现在看来，就是感受的这种切身性——如鱼饮水冷暖自知那种知，心知肚明那种知。我明明知道自己心里满满的爱意，感知得比什么都切实，可就是无法把这份爱意作为我的切身感受说出来，就好像感受扎根在你的心里，一旦说出来，就把它从心里拔出来了，怎么都没说出那种切身性。我可以描述心中的爱意，有点像描述一个对象，但这种描述无法触及它跟我个人的切身联系。感受跟感受者始终连在一起，所以，言说感受，不管说出了多少，总还别有一番滋味在心头。这个"别有一番滋味"，不是更多的细节，而是那种切身性怎么说都说不出来的感觉。我们说到感觉的丰富性和切身性，但不可说在这里并不涉及丰富性，所涉及的是切身性。世界也无穷丰富，但只有要言说内心深处感觉的时候，才有那种言有尽而意无穷的感觉，言说世界的时候就没有。

你要是一心想说出这种切身性，说出那个 thatness，你可能会非常沮丧。当然，你也可能很兴奋：明明知道，说不出来，好神秘啊。不可言说之神秘，这个你得去问周兴，他的博士论文研究的就是说不可说之神秘。[1] 神秘的东西大概都不可说，但不可说的不见得都很神秘。神秘的东西咱们这里讨论不了，咱们只讨论不那么神秘的不可言说，梨子怎么个酸法，胃痛是个什么滋味，没啥神秘的。可为什么"我明明知道却说不出来"这事儿显得怪神秘的？也许因为它把可知和可说连得太紧了。知道跟可言说真的那么紧密吗？那要看你说的是哪种知道了。你心里想的知道大概是理知，如果你想的是如鱼饮水冷暖自知，想的是心知肚明，你可能就不那么惊奇了。蛮可能我感觉到，甚至感觉得切切实实，可是说不出来。

---

[1] 孙周兴，《说不可说之神秘：海德格尔后期思想研究》，上海三联书店，1995。——编者注

## 感觉本身

感受无论如何都拿不出来，于是，有些哲学家就主张，你觉得酸我也觉得酸，但我并不知道你感到的酸跟我感到的一样不一样。我们能够确定两只甲虫是否长得一样，但我们无法确定两个感受是否一样，或者，两个感受是否一样是个没意义的问题。你说你感觉到的是果酸也没用，我怎么确定你叫作"果酸"的那种感觉跟我叫作"果酸"的那种感觉是不是同一种感觉？

可是，孩子被玻璃划伤了，喊疼，妈妈好像知道他是疼而不是痒痒，他被蚊子叮了，说痒痒，妈妈好像知道孩子感觉到的不是疼而是痒痒。妈妈是怎么知道的呢？妈妈并没有钻到孩子的心里去查验他感知到的是什么。她用不着钻到孩子的感知中去。那她怎么知道的呢？说玄也玄，说简单也简单——我们都是人，在一些基本方面都差不多，人会饿，你饿的感觉大致就是我饿的感觉，这似乎也没什么格外奇特的。人被蚊子叮了感到的是痒痒而不是疼痛，幼儿被蚊子叮了会去搔痒，也愿让你为他去搔痒，被玻璃划伤了他不去搔，你去搔他的伤口他不但不乐意，而且哭喊起来了。他不哭不喊，无动于衷，妈妈触碰伤口他也无所谓，那妈妈要觉得古怪了，要怀疑孩子患有痛感阙失症。

都是人，感知未尽相同，有人恐高，有人站在悬崖边上不觉得多害怕，有人对疼痛特别敏感，有很少数人却阙失痛感。人们更常举的例子是色盲。我们可以从不同进路去研究这些现象，这里要说的只是，发现一个人是色盲，或者阙失痛感，跟妈妈了解孩子是疼是痒差不多，不需要钻到他的心里去查看。有的人感念天地之悠悠，有的人一门心思非名即利，我们也是听其言观其行了解这个区别的。

你领会另一个人的感受，靠的是将心比心，这个将心比心，不是把两颗心掏出来，像端详比较两只甲虫那样，这说的是，你自己得有过这种感受，或者某种类似的感受。"类似"是个 slippery word，但我们暂时不去管这些。你站在十米跳台上，告诉我你害怕，我明白你是个什么感觉，因为我站在那里也害怕。当然，也许我是个跳水老手，不再害怕了，但我曾经也害怕来着。要是我把当年的感觉忘了呢？老年人忘事，看见年轻人热情洋溢地为理想奋斗，无法理解，也许，在智性层面上能够知道，甚至能够预言他将如何如何行动，却感觉不到年轻人心里感到的东西了。我们是会忘的，只是别忘个精光就好。

我怎么知道你的害怕就是我的那种害怕？我怎么知道你说的酸就是我感到的酸？这样的问题困扰哲学家，但好像不困扰小孩子，他们好像"天然"相信你说的酸就是他感到的酸。是啊，小孩子是怎么学会"疼痛""痒痒"这些词的呢？学习过程好像类似于学会苹果、鸭梨，并无神秘之处。妈妈让他吃鸭梨，捡了个鸭梨而不是捡了个苹果给他。他被玻璃划伤了，妈妈问他疼吗，被蚊子叮了，妈妈问他痒痒吗而不问他疼吗，他于是知道，疼指的是被玻璃划伤后的那类感觉，痒痒是被蚊子叮了后的那类感觉。

我拿学习"梨子"这个词来类比学习"疼痛",你立刻反对说:这不对啊,你自己刚刚说,梨子是对象,感受不 really 是对象。我承认,这个类比有毛病,学会"梨子"这个词和学会"疼痛"这个词不是完全一式的。传达心里的感受跟描述一个对象是两种不同的语言游戏。我们小时候学习语言的时候,就已经学会区别这两类语言游戏。要知道两只甲虫是不是一样,你可以把两只甲虫放到一起来查验、比较,但你无法用同样的方式比较他人的感知跟自己的感知。你能够比较的,是你跟他都是人,你们都被玻璃划伤了,你们都龇牙咧嘴。

然而,你不依不饶,你会说,这些只是疼痛的周边情况,并不是疼痛本身,"疼痛"指的是疼痛这种感觉,而不是这些周边情况。我现在要的就是把这些周边情况都消掉,单说感觉本身,单比较感觉本身,我正是在这个意义上主张你永远不知道你感到的酸跟我感到的酸是不是同样的酸。

现在,问题集中到一点上:有没有感觉本身这回事?一般说来,感觉连在反应上,你感到愤怒,会起而反抗,你感到恐惧,会畏缩不前。这说的是行动或不行动,更广义地说到反应,还包括身体上的变化,你感到愤怒,同时又感到恐惧,你没有起而反抗,但你血脉偾张,青筋暴起,青筋暴起不是行为,但也是一种反应。你感到羞愧,脸红了,脸红不是行为,但也是一种反应。对我们人来说,还有一种特殊的反应——表达。你受到强权欺侮,不敢反抗,甚至不敢道路以目,但你可以私下告诉我你痛恨强权。你没采取行动,身体上的变化也难以觉察,但你会说话，你会表达自己的感受。

人们所设想的感觉本身则是另一回事。你感觉到了，但没有行动，身体上也没有反应，而且也没想表达什么，你单单感受。我们可以把这个叫作"纯粹感受"。纯粹感受跟一般说到感觉的根本区别在于，感觉总跟什么连着，而纯粹感受跟什么都不连着，你单单感受，这个感受跟什么都不连着，所以它是纯粹的，是感受本身。感觉后面本来跟着个逗号，纯粹感受就像把逗号换成了句号。纯粹感受是终点，不再输出什么。

在我看，如果真有纯粹感受这回事，它一定跟表达有一种联系，哪怕只是跟表达的愿望连在一起——当然，愿望又连在能力上。没有表达的愿望，感觉就不会产生出纯粹感受的面相。

这个话题我们且不多说，这里我想说，说到这类纯粹感受，最好不要举愤怒为例，最好举红色感知这一类为例。说到愤怒，难免连着反应，即使不敢反应，也会有强烈的表达欲望。我们看到红色，则不会像传说中的斗牛那样冲上前去——那只是个传说，实际上牛辨不出红色，这个我们不去细究，反正，我看到红色，既没有像斗牛那样冲上前去，也没有血脉偾张，我单单感受，就好像在脑海里品味红颜色，而且，品味出什么滋味也说不出来。当然，看见红色还是绿色，其实也跟我们会怎样反应连在一起，我们本来是为了行动去看的，如果看到的红还是绿跟我们会怎么反应毫无关系，我们的眼睛恐怕一开始就不会产生辨红与绿的能力。不过，这个且不去说它。

我们了解别人的感受，通常是连着产生这种感受的原因、他的反应、他的表现、他说的话等等来了解的，现在，这些周边情况都被切断了，我们于是也就无法知道你的感觉了。我无法知道你感受到的酸是什么滋味，当然，我也就无法知道你我感受到的酸是不是同一个酸。每一个纯粹感受都是独特的，也许更好是说，我们也不知道它独特不独特。

## 感受质

这些年，心智哲学里有个热门概念，叫作 qualia，感受质：我感到的疼痛，我看到的红色，有一种非常个人的、私人的品质，无法言传。qualia 是个新概念，不过，这些年哲学里新概念层出不穷，在我看来，却很少有什么新意，所谓感受质，就是沿着这样一种纯粹感受想过来的，背后的问题还是那些老问题。感受质的所谓私密性，在我看来，就是从前人们所谈的感觉的私密性，只不过，本来，私密性是感觉的一个面相，只有从感觉想过来，我们才会找到线索来理解感受的内在性、私密性，现在，感受质把感觉的前因后果都割除，变成了一些孤零零的东西。

一般说来，感觉是有来历的，你看见红色，因为眼前有一面红旗，你感到痒痒，因为你被蚊子叮咬了。爱恨情仇编织在特定的经历里。不过，有些感觉似乎无缘无故，没有蚊子叮咬，皮肤自己痒痒起来，好端端坐在那里，眼前出现了仙女或者魔鬼的影像。人们设想的感受质，接近于这一类没有来历的感受。

感觉不仅有来历，感觉后面通常跟着反应，这包括表达这样广义的反应，这个我们刚才说过了。感受质后面则不跟任何东西，感受质没有功能，是一种副现象。

感觉绵延变化，互相渗透，像电影那样，qualia 则是一些孤立的片段。一个 quale 跟另一个 quale 分立，像一帧一帧分立的图画。

归纳下来，感受质的要点在于切断一切联系，感受跟反应和表达切割开来，甚至连表达的意愿都没有。切断了所有这些联系，感受质成了无依无靠飘浮在空中的东西。感受质好像是完完全全孤立的东西，飘浮在那里，跟什么都不连着。qualia 飘浮着，这一点跟上一章讲到的 sense data 一样。区别在于，sense data 是世界的起点，哲学家准备用它来构造整个世界，qualia 正相反，它是世界的终点、终端，世界结束在我的感受里，后面不再跟着任何东西了。

我们真能设想这样一种跟什么都不连着的感受质吗？一个人能够没有疼痛的前因后果，不对疼痛做出反应，没有疼痛的表现，单单就感觉到疼痛吗？手触到滚烫的铝锅，我们真能把感受质跟缩手的反应分离开来吗？哪怕说到视觉，你感受一片单纯的红色，你品味这片红色，这片红色难免与看到它时的情绪、联想、冷热、眼压等等联系在一起。当然，把感觉和反应等等分开来说，我们可以单独说到感受，说到对这片红色的感知，就像我们可以单独说到足球的表面积，但这不是说在现实中可以把足球的表面积从足球上剥离开来。

这些我们都跳开不说，最关键的一点是，感受与感受者无法分离。[1] 人们说到感受质，例如红色的感受质，仿佛它像红霞上的红色，仿佛我们不看的时候它也在那里，可以被我们感受，但即使没人感受它，它也在那里。然而，没有与感受分离的qualia这种东西。有的只有我感受红色，感受红色无法分解成感受和红色。只有联系于感到愤怒的人才能设想愤怒，就像你只能联系于柴郡猫的面孔才能设想它的笑容。只有联系于意想者才能设想意象，否则它不是意象而是一幅图画。意象可以是私密的，像梦那样，它独独属于你，然而，我想说的是，标识着感受质的独特性、私密性等等，恰恰都来自这个事实：感受有个感受者，是我或你感受到红颜色，感受到酸甜冷热。独特的是什么呢？那真正不可言说的是什么特殊性呢？那是我的感受。不管把感受跟别的什么切割开来，无论如何，我们无法把感受跟感受者切割开来。感受总是某个人的感受，离开了感受者，所谓感受质不管是什么，它都不再是感受质。而依照人们对感受质的刻画，它恰恰像是某种没有感受者的感受。

感受总是你的感受、我的感受。我强调"我的"，不是在强调一般的归属关系，而是在强调我们刚刚说到的感受的切身性。我相信，qualia所意谓的，就是这个切身性，切身性就是我的感受中私密的不可言传的那个面相。感受质不能是飘浮在那里的一片红色那样的东西，要是那样一片红色，它就没什么可私密的，

---

[1] 参见：陈嘉映，《说理》，第9章第35节"所知与知者相连"，2020，第401页。——编者注

没什么不可言传的了。我看到的红色,我尝到的酸,这些有什么不可言传的?我说红的,酸的,不是已经说出来了吗?私密不可言传的感受质显然不是我感受到的什么,而是这种东西跟我的切身的、特殊的联系。

感受有一种切身性,我的感受因这种切身性而是独特的。我的感受是独特的,因为我是独特的。每个人的心智都是独特的,是啊,连一条线虫的神经网络都是独特的。一条线虫是独特的,这既可以说,它对有些相同刺激的反应多多少少有所不同,也可以说,它对有些相同刺激的感知多多少少有所不同。不消说,一个人比一条线虫独特多了。跟线虫相比,我们独特得很,独特到每个人都有一个自我,这个自我拥有独特到灵异的、无法言传的感受。它单单属于我,于是我们把它说成是"纯然内在的"——我们不要从封闭在内部来考虑这里所说的感受的私密性,而是要从独特性来考虑。

谈论切身性和独特性,看到红色当然不是个好例子,不如谈论牙疼、爱恋或绝望。我很乐意承认每个人都有点儿特殊,不过,这种特殊多半不会出现在看到红色上,平常看到红色,看到一面红旗上的红色,并没有什么独特之处,并没有什么十分个人的、私人的品质。红色的感知,酸这样的感觉,个体差异不大(我想当然地认为它就是大家都看到的红色,大家都觉到的酸),但两个人都爱,他们的爱可能很不一样,两个人都苦恼,一个为政府腐败苦恼,一个为自己没捞到好处苦恼,苦恼的质地也会很不一样。

感知与感知者有着不可分割的联系，我们听人说他的感受，总是连着感受者来听的。我从你这个人来了解你的感受。他的苦恼跟他的方方面面相联系，我的苦恼跟我的方方面面相联系。我们得知道这个人和他的处境，才能知道他的痛苦是失恋的痛苦、亡国的痛苦还是不得志的痛苦。要了解你有什么感受，不仅我自己要有过这种感受或类似的感受，而且还得知道你是个什么样的人。

可是，我怎么知道你是个什么样的人？我怎么知道你跟我一样不一样？是啊，你们自己想想，你是怎么知道一个人跟你像不像的？当然是从他的举止进退知道的，也从他的言说知道，包括他对自己感受的言说。于是你知道你跟他铢两悉称，知道你我判若云泥。[1]

人的爱恨情仇各个不同。我们都有过愁恨，但谁也没身为皇帝而亡国的经历，无法真切体会李煜的切身感受，难怪无论他写出了什么，仍然别有一番滋味在心头。不过，如果我们专注于反思感受的切身性，那么，即使你是在感受一片单纯的红色，你去品味它，你仍会感受到这种感受与你的特殊联系，品味到一种私密性和切身性。

如果把这种私密感受叫作感受质，那么感受质并没什么新鲜内容。疼痛的切身一面当然完完全全是私人的。我的爱，我

---

[1] 参见：陈嘉映，《简明语言哲学》，第10章第2节"莱尔"，2013，第153—154页；陈嘉映，《何为良好生活》，第5章第5节"心理与心性"，2015，第157—158页。——编者注

的悲伤，都有着私人感受的那一面。要说有点儿新鲜的，倒是从切身感受来证成个体的独特性。这总的说来是一条近代思路，广泛存在于近代思想之中，背后还有近代的一般观念的支撑。从前，你要彰显个体，你就得有卓尔不群的品质和成就——个人始于未分化的、潜在的个殊者，终于蕴含丰富的个殊者。那是精英主义的个体观，只有很少数人拥有独特的个体性，我们小老百姓哪儿有什么独特性啊，我们自己也不追求什么个体独特性，芸芸众生嘛。现在，人人都有自我意识，都有与众不同的自我主张，可我有什么不可取代的呢？我在流水线上工作，随便谁都可以来替代我，换个机器人也可以。但我的感受谁都取代不了，你取代不了，机器人更取代不了。于是，我对世界的私人感受为我的个体独特性提供了终极的支持。

qualia 本来是用来对抗物理主义的：物理主义从外在关系来理解万物万事，而感受质是彻头彻尾内在的，物理主义要把一切都纳入由物理定律和因果关系统摄的整体，感受质则坚持有一种东西游离于这个物理世界之外——连金在权那样的鹰派物理主义者也承认物理主义解释不了感受质。但在我看来，感受质观念看似跟物理主义针锋相对，其实已经太轻易地接受了物理主义的主要主张，仿佛这个世界基本上要从物理主义得到理解，只不过，有那么一小片飞地，一小片绝对内在的领地，那里是物理主义无法进入的，只有感受质像鬼魂那样飘游在这片化外之地。它退让得太多，让出了整个社会-历史领域，让出了自我，一路退守到绝对内在的感受质。这条对抗路线颇为矫情，即使感受质可以驳难物理主义，这条驳难路线也是有害的。像叶峰那样的物理主义者清楚看到，物理主义的要旨在于否弃有自我这回事。[1]而在否认或无视经验自我这一关键点上，感受质跟它所要反对的物理主义合流了——为了保障绝对内在性，感受质就需要把自己同感受者亦即经验自我切割开来，感受成了没有感受者的感受。两者的观点相反，其实思路相同，这是我们在思辨领域经常见到的。

## 鲦鱼和蝙蝠

当然，说到自我，也会引起种种误解。他心问题的起点，差不多就是一种对自我的误解，仿佛一边是一个我，我之内的心智活动对我自己都是透明的，成问题的总是我之外的心智，不管那是朋友的心智、爱犬的心智，还是鲦鱼的感知。庄子和惠子的濠梁之争就是围绕这一点展开的。濠梁之争这一段很有名，但为方便诸位，我还是重复一下原文。

> 庄子与惠子游于濠梁之上。庄子曰："鲦鱼出游从容，是鱼之乐也。"惠子曰："子非鱼，安知鱼之乐？"庄子曰："子非我，安知我不知鱼之乐？"惠子曰："我非子，固不知子矣；

---

[1] 叶峰，《一种物理主义的道德和价值观》，载于《中国社会科学评价》，2020年第3期。——编者注

子固非鱼也，子之不知鱼之乐，全矣！"庄子曰："请循其本。子曰'汝安知鱼乐'云者，既已知吾知之而问我，我知之濠上也。"

我们曾在第三章里提过 Thomas Nagel 有一篇名文《作为一只蝙蝠是什么样？》，问蝙蝠感知的世界是啥样子，谈到他心，人们常引用这篇文章。西方人读书少，没几个读过庄子，否则他们都来引用庄子了，因为，如所周知，咱们中国人最厉害，西方人今天想到的，咱们的祖宗早在两千多年前就都想到过了。

本来，两人在濠梁上溜达，庄子随口说一句，鲦鱼在水里自由自在的，好快活。惠子好争，就来了这个著名的段子。我们可以从不同的方向跟庄子抬杠，一个方向是，我们人会快乐，鲦鱼会感到快乐吗？我们平常认为，只有发展到一定阶段的生物才谈得上苦乐，你的爱犬宠猫会感到疼痛，感到快乐，但大肠杆菌似乎谈不上苦乐，它在营养液里游来游去，你不大会说它在享受杆菌之乐。笛卡尔把界线划在人和动物之间，动物都是机器，没有心，自然也没有苦乐。[1]

惠子没往这个方向走，他不去问鲦鱼是否谈得上快乐，而是质疑我们能否知道鲦鱼快乐："子非鱼，安知鱼之乐？"庄子脑子也不慢，立刻回了一句："子非我，安知我不知鱼之乐？"这一轮相互辩难，似乎基于一个简单的区分：我和我之外的一

---

[1] 维特根斯坦曾问道：苍蝇会感到痛苦吗？

切。好像我之外的他者尽是一式的，要么所有的他心都可知，要么都不可知。其实，惠子说"子非鱼，安知鱼之乐"的时候，未必是这个意思，他蛮可以是在回复庄子说：我当然可以知道你心里有些什么，因为你我都是人，差不多，但鲦鱼跟我们差异太大，我们无法知道鲦鱼的感受。内格尔怀疑我们能否了解蝙蝠眼中的世界，但他大概并不怀疑，飞过一只蝙蝠，你我看到的都是一只蝙蝠。可是在实际争论的时候，常有这样的情形：来到一个特定点的时候，就像到了一个岔路口，我本来没有确定要往哪条路走，却被对方的辩难引向了一条确定的路。

不管怎样，上了这条路，"我非子、子非鱼"看来是个有力的辩难：我不是你，所以我不知你，因为你不是鱼，所以你不知鱼。这个策略类似于"别把我当人"策略，我先自贬一等，于是可以任意贬损世上万事了。这个策略庄子看得清：你不可能不把自己当人，你若真不把自己当人，你就不会贬损别人了。你不可能不知道我，你真不知道，你就不知道我知道不知道鱼，因此也就无权否认我知道鱼了。

庄子的自辩路线梗概是：子非吾而可知吾，可见吾非鱼而可知鱼。你不一定非要是我才能知道我的悲喜，我也不一定非得变成一条鲦鱼才知道它乐不乐。然而，庄子真的能够知道鱼乐吗？好吧，比较一下自由游动的鲦鱼和涸辙之鲋，哪个快乐？鲦鱼在水里游来游去自由自在，你一跺脚它们立刻惊散了，你于是知道鲦鱼何时自在快活何时受到惊吓。我们自己也是这样的，我们在野外闲溜达挺乐的，忽然碰上几个劫匪就不那么乐了。前面说过，了解他心，将心比心，靠的不是钻到你的心里去，而是需要你多多少少跟他有点儿相像。你学会了潜水，潜泳自如，大概就更能体会"鱼之乐"，你会说"哎哟，我这时候才知道鱼之乐"。

既然了解他心靠的是将心比心，你要了解他心，就要看他心跟你的心多接近。可是按照他心问题的一般提法，一边是一个我，我之外的心智都是他心，他心要么都可知，要么都不可知。然而，他者不是一式的。你我都是人，你饿的感觉大致就是我饿的感觉，我家小猫皮皮饿了的感觉可能有点儿不一样，但也差得不多，但蚊子饿了是什么感觉？

这里的关键点是：将心比心不是要求我们钻到他的心里去。庄子说到鱼之乐，是从出游从容这种状态说起，不是在描述鲦鱼的心理感受。但我并不是说，庄子是从鲦鱼的"外部状态"推论出它的内部心理状态。状态就是状态，干吗非得是外部状态？鲦鱼的状态是鲦鱼的状态，不是大肠杆菌的状态。大肠杆菌在营养液里游来游去的状态无所谓乐不乐，鲦鱼在水里游来游去自由自在就是快乐，你一跺脚它们急速惊散，那就是惊恐，你知道它们快乐还是惊恐，不需要变成一条鲦鱼，不需要钻到鲦鱼心里，庄子在此情此景中知道这些的，"我正知之于濠上耳，岂待入水哉"。[1]

---

[1] 郭象注，参见：郭庆藩辑，《庄子集释》，诸子集成本，上海书店，1986，第286页。——编者注

他者各式各样，我们对他者怎么感知的了解也有深有浅。一只蝙蝠从头顶飞过，我知道你看到的是一只蝙蝠，但蝙蝠看到的你我是什么样子，我却很难想象。把你我倒挂起来，对你对我一样，那都是一种酷刑，你一定跟我一样痛苦万分，但蝙蝠倒挂在洞里睡觉，好像蛮舒服的。蝙蝠感知的世界是啥样子？这个我们的确不大容易了解，方方面面，蝙蝠跟我们实在都不大相像，何况，所谓世界是"什么样子"，首先会让我们想到视觉，可大家知道，蝙蝠是用超声波来"看"的。我们和老鹰眼中的世界不管有多大差别，两个都是用眼睛看，超声波"看到"的世界是什么样的？这个咱们无从想象。

跟蝙蝠相比，黑猩猩怎么感知这个世界我们体会起来要容易一点儿，我们跟黑猩猩差不多，本来就是裸猿嘛。草履虫、蝙蝠、鲦鱼、爱犬，有的他心跟我的心很接近，有的他心离开我的心很远很远。我看见西施浣纱，一心想凑到边上去，也假装洗个汗衫啊什么的，可是鲦鱼一见西施过来都吓跑了。不过，即使在这里，我也有点儿知道它们的感觉，估计就是我看见巨灵神时候那种感觉。

我知道你怎么感知的，推不出你知道蝙蝠是怎么感知的。反过来，我无法了解蝙蝠"眼中"的世界是啥样子，但不能从这里倒推出我无法了解你看到的蝙蝠是什么样子的。supposedly，人的感知更复杂，但我反而更容易知道你的感受，却很难知道狮子是怎么感知这个世界的，更难知道蝙蝠是怎么感知这个世界的。

他心和我心之间并非只有一条单一的界线。濠梁之争把界线划在我和我之外的万物之间，内格尔则把界线划在我们人和蝙蝠之间。这是两种基本的划界，但依所对的实际情境，还有无数不同的界线。宋朝人是怎么感受这个世界的？我们体会起来有难度；要体会商朝人怎样感受这个世界，难度更大。也不必年代久远，同是现代人，在有些事情上，男性和女性的感受方式可能差别蛮大。我们生活在和平环境里的人，很难去体会自杀式袭击者的心理。

我傻傻地对濠梁之争做了点分析，你们听着玩就好，这一段涵义丰富，下一次你们傻傻地去做分析的时候，也许又引出别的线头。

## 语言与他心

他心离我的心有远有近，这个远近，并不都是程度上的差别，也可能有质性上的区别，最突出的一个界线，是语言。

前面几次提示，人类的心，跟人有语言有大关系。你我相似，不仅我们的生理构造颇为相似，而且你我都会说话。鲦鱼是一种他者，人是另一种他者，你对鲦鱼和他人的了解很不一样。其中，有没有语言是个根本区别。我们通过语言交流，通过语言互相了解，因为有语言，互相之间的了解方式就大不相同。你是头疼还是肚子疼？你一说我就知道了，但我家猫咪不舒服，我就很难知道它哪儿不舒服。supposedly，猫咪的心智比一位朋友的心智简单很多很多,但我们反而更难知道猫咪是怎么感知这个世界的。章鱼会不会感觉疼痛?科学家认真研究也没得出一致的结论。我与你不是一般我与他者的关系,而是对话者的关系,有一本小书,书名就叫《我与你》,[1]你对我不是一般的他者,而是"你者"。你我通过语言交流,可以了解各自的细微感受,我们却很难了解狮子和蝙蝠的感受。

我们曾说到,真正不好传达的是感受的切身性。然而,我们也知道,诗人有本事让我们读者感同身受。只不过,真要传达感受的切身性,靠的不是细描甲虫这类办法。李清照写愁恨,不好好去描述她的愁恨,反倒说怎一个愁字了得,她去说些梧桐啊、黄花啊,描述得也不见得怎么细致,不过是"满地黄花堆积""梧桐更兼细雨",落入李清照眼帘的细节肯定很多很多,一点一点都描述出来就没有她那首千古绝唱了。诗人传达一种独特的思想感情,不像动物学家描述一种我们没见过的动物,例如穷奇。动物学家的本事是描述穷奇的方方面面,诗人不是,他讲一个小女孩卖火柴的故事,他写"无边落木萧萧下",就把他的感受传达出来了。感受在哪里?你可以说在故事里,在无边落木里,也可以说尽在言外。

诗人不仅可以传达十分复杂的感受,实际上,诗人丰富我们的感受。我是盲人,你怎样仔细描述红色,我也无法感受红色。可是,我没有受过古拉格的苦,高超的作家却可能带我去

---

[1] 马丁·布伯,《我与你》,陈维纲译,商务印书馆,2015。——编者注

体会古拉格。固然，到过古拉格的人最能够体会古拉格的滋味，但在相当程度上，诗人能让我们这些没有古拉格经验的人尝到古拉格的滋味。你不用去当小偷，也可以多多少少知道小偷是怎么回事。你本来过得好好的，一首诗能让你体会绝望的滋味。这是怎么做到的？我没这方面的本事，没法教给你们。这是诗人特有的、唤起感受的才能。当然，光有诗人也不行，还需要我们这些读者，需要我们这些读者有想象力。我们说，要了解他人的感受，需要将心比心，心不是洛克设想的那种白板，心有感受的能力，而感受力本来就包含着想象能力。

我们可以通过语言交流感受，不过，这仍然依赖于你我有过类似的感受。你给我讲你坐牢的感受，我说，噢，我太知道你的感受了。什么时候你最信我这句话呢？我也坐过牢，我有过类似的感受。你要是没吃过酸梨子，或者酸杏什么的，我说梨子酸，你就不明白酸是啥意思，因为你自己没有感知过。经验不同。"夏虫不可语于冰，井蛙不可语于海"，只有碰到适当的听者，你才会去谈论你的感受。

交流感受在很大程度上依赖于双方有相似的感受，你的言辞更像是个辅助手段，引导我了解你的感受，梨子是酸的这句话并没有说出酸是什么味道，它像是一道桥梁，把你感到的酸和我感到的酸连起来。"愁"这个字不刻画愁，它连通这个人的愁跟那个人的愁。言辞在这些场合的作用，有点儿像商场里的标志，指示电梯在哪儿，你站在标志对面，抱怨说，电梯长得不是这个样子啊，那我傻掉了。单簧管的声音饱满圆润，这话没告诉你很多,但你要常听单簧管,他一说你就知道。

现在,你知道他跟你各方面差不多,你们两个的处境也差不多,那么,这里有一个问题:要是你们两个在十米跳台上的感觉差不多,那就用不着他说什么,你也知道他害怕。那么话语不就多余吗?在很多情况下,的确是的。前面说到过,婴儿不会说话,手割破了,妈妈不用他说,知道他疼,被蚊子叮了,妈妈知道他痒痒。孩子重重撞到石棱子上,鲜血直流,龇牙咧嘴,他不用喊疼,妈妈自然知道他疼。

得道高僧不言不语,拈花一笑,心会了。但我们这些俗人,还是忍不住唧唧嘟嘟说个不停,我爱你啊,我孤独啊,我痛苦啊。是啊,我们知道他人的感受,多半还是因为他说了点儿什么。幼儿一颦一笑,妈妈都会注意到,但我们成年人都很忙,没功夫始终留意同伴的表情什么的。你爱慕一个姑娘,事事殷勤,看她的眼光也挺迷离的,但她仍然没留意你,你只好向她告白:我爱你。

至于那些复杂的、新奇的感受,更需要语言才能传达。我被石头砸到了,我疼,这个我不说你也知道。我在琢磨一共有多少种正立方体,这个我不说,你就不知道我在想什么。我做了个什么梦?我不说你就无法知道——你有特异功能另说。在这个意义上,人心格外复杂难知。且不说我不仅可以瞒你,我还可以骗你、误导你。难怪人人都说,"人心隔肚皮""此中最是难测地"。

人心格外复杂,单靠观察,你无法了解心思的精细之处。

但要说起来，人有格外精细的感受，很大程度上本来就因为人有了语言。我不说你就无法知道的那些复杂感受，恐怕都来自我们说的能力。有了这种能力，心思变得细密了，这其实也就是说，心思变得内在了。

时间到了，这一讲就结束在这里吧。关于"他心问题"还有不少可以讲的，例如第一人称认知的优先地位，猜测和知道，假装，等等，我主要围绕着内心感受能否传达来谈。归结下来，有两点值得注意：一点是，把世界简单区分为我和我之外的其他一切，他人的心要么都可通达，要么都是我无法通达的，这一点我们谈到了。另一点是，好像我的心对我自己是透明的，这一点等到自我认知再谈。

第六章

# 语言之为理知与感知的交汇处

**对应与成形**

上一讲说，没有对酸的经验，你就无法真正明白酸是什么意思。但我并不是说，你有酸这种感知，你就知道"酸"这个字是什么意思。这个我无法说太多，只是想说，"酸"这个字一方面跟酸这种感知相连，一方面又跟甜、苦、辣这些语词相连。如果没有粉色的、橙色的等这样一套语词，你就没办法规定什么是红的，你就不知道红的外延结束在何处。这么说吧，有的语言里只有三个颜色词，他指着红色叫红，指着橙色叫红，指着棕色也叫红，他说错了吗？对，你们听出来了，我是在引用索绪尔。索绪尔讲得很清楚，所以我不用多讲，你们自己可以去读索绪尔，或者读读我对索绪尔的简介，[1] 当然你也可以去读别人的简介。

什么跟酸这个字对应？酸这种感觉。什么跟甜这个字对应？甜这种感觉。疼痛对疼痛这种感觉，脚印对如此这般的形状，

---

[1] 参见：陈嘉映，《简明语言哲学》，第4章，2013。——编者注

这么说有意思吗？我觉得没意思。你有一个感知语词，不是用它来跟一样东西对应；是你林林总总的感知映射到一个语言系统中。从感知到语言是一种映射，是一个前-言说的混沌映射到语言系统，一个具有逻辑关系的系统。言说把你的感知、经验带入一个符号系统或者语言系统，进入了一个系统，这个感知就有了一个身份。这有点像加入一个组织。你的身份是组织赋予的，比如书记、小组长，你天然并不是书记、小组长，是系统里面有这个位置，你现在被配到了这个位置上。你也可以把它想象成少年进入社会，通过这样一个仪式，他成人了，他在成人社会里扮演了一个角色或者担负起一个角色。把一种感觉叫作酸的，把一种图形叫作三角形，它们是被赋予了形式，成形了。形式是系统赋予的。

这话也可以这么说：一个语词只有在一个系统中才有意义，一个语词只有在一种语言系统里才能指这个指那个。就此而言，一种感觉被说出来，不像是一根项链从抽屉里拿出来，言说不是搬运，而是成形。

我们讲到语言是一个系统，一个意思是说，其中的元素之间具有某种逻辑关系。逻辑意味着可以进行形式推理。这个我们下一讲再展开讲。

物事在语言里被赋予形式，在我看来，就是一般所说的心智。"心智"这个词，本来只用在人身上，现在不兴人类中心论了，我们也谈动物的心智，我用"心智"这个词对应 mind，说动物有 mind，还是有点儿奇怪。

说到成形，在哲学史中，最常被引用的就是亚里士多德的橡树的例子，讲橡树的种子慢慢长大，然后它就成形了。橡树种子长成橡树，这当然是一种成形，但从这个例子来讲通过语词成形并不合适，一颗种子好像有一个现成的形式在等着它，一颗橡子只要生长就长成橡树而不是菩提树，它好像自己生长出了形式。那更像是生理上的成长，而不是社会性的生长。物事到语言不是直接生长出来的，它依托于一个语词网络，是不成形的东西长入一个系统，在这个系统里成形。

感知需要一个语言系统才能成形。同样的道理，你看到一匹美丽的马，你也不能自动上升到美的理念，你得有一个理念系统，你才能知道是往美的理念上升还是往别的什么理念上升。一个概念或者一个语词处在一个系统之中。美的理念不可能是一个孤零零的理念，它得在一个系统里才能是美的理念。

**语词给出所是**

现在我把这一点扣回前面说到过的一个主题，我们在讨论视觉的时候谈到过，你看到什么，有两个方向上的回答，在一个方向上，你看到了郁振华，我们说，你看到郁振华本尊；在另一个方向上，你看到他的眼神、体态、动作，你视野里实际上还有刘晓丽，还有其他听众，还有窗户，你看到五光十色的感知内容。What do you see？我看到郁振华，"我看到了一个人"，那么我是在回答我看到了 what。你也可以回答，I see that，然后列举你视野里出现的五光十色的感知内容。

这是两个方向上的回答，而不是说，thatness 包含了很多很多细节，whatness 是从这些内容里挑出点什么，挑出主要的东西、本质的东西。我想要说的是，无论你怎么回答，你都是在回答 what，你一用语词来回答，你就回答了 what。你看见郁振华，他神采奕奕，他正坐在座位上写字，但是郁振华这个名字没说这些，这个名字指的不是坐着的郁振华，不是站着的郁振华，不是在写字的或在喝水的郁振华，它指的是郁振华本身，不是 40 岁的郁振华、10 岁的郁振华，也不是 10 岁到 40 岁的延续体，它指的不是一个实际物体，而是一个逻辑上的存在。你说我看到一棵树，这是个 what。What do you see？我看到一棵树，不多不少是一棵树。好，我不说看到一棵树，我看到的是绿色、木头、纹理，你仍然在回答 what。你看到绿色，不多不少是绿色，不是蓝色，不是棕色。你有"绿色"这个词，跟青色、蓝色分开来的一个词，你看到绿色，不是看到青色、蓝色，绿色就是绿色本身。这里，绿色是你看到的对象，这个对象就是对象本身。你说，我看到了一片颜色，那你看见的是颜色本身，你说的是颜色，不是形状。你开口说话，说出来的总是 what，不是那个 thatness。当然，这个 what 是靠 that 来支持的。

what 和 that 的区别，不在于一个是概括的，一个充满细节，仿佛你可以通过不断地细化描述 whatness 来逼近 thatness。这么想，从第一步就已经掉到陷阱里去了。刚才说，一种感觉被说出来，言说不是搬运，而是成形，不像把一条项链从抽屉里拿出来。言说是有挑拣的，但不是在现成的东西里挑挑拣拣，好像从好多项链里挑了一条拿出来，好像你实际上看到了好多好多东西，但你说看见一个人，单单把这个人挑出来说。thatness 是那个没成形的东西，你说出来，它就成形了，成为whatness。据说，世界本来是混沌的，世界在诗人的笔下成形，用特拉克尔的话说，诗人把它们带进了 being。"眼前有景道不得"，"晴川历历""芳草萋萋"把它道出来了，眼前一片迷离成形了。崔颢要是一样一样细描给我们，也许这幅景象就完全不成形了。

反过来，没有语词就没有这些 whats。没有语词就没有办法回答你看到了什么。你不用语言告诉我，我就不知道你看到的是一棵树还是上面停着两只乌鸦的巨大之物。你可以指给我，但我不知道你指的是什么，指的是乌鸦还是树冠还是这棵树。狐狸看到了一只乌鸦的尸体，这是我们说，狐狸也许只是看到一块肉，无所谓乌鸦，无所谓尸体。

一开始我们说，看有一种本体论地位：看直接看到对象的是什么，现在我要说，这是因为视觉是高度语言化的，确定了那是个什么对象的，是语词，用海德格尔的话说，语言给出了"是"，给出了 Sein，你有了语言，才能回答 what is it。[1] 我们一

---

[1] "物有了言词之资，我们便可以理解物了。于是物是'某某东西'。物是——物存在。"参见：海德格尔，《在通向语言的途中》，孙周兴译，商务印书馆，2004，第 184 页。（我改动了译文）

开始是从视觉来讲的，说我们看，就是看到本尊，[1] 现在我要说，所谓本尊，就是那个可以被言说的什么。

## 语词是感知与理知的交汇

我用 whatness 和 thatness 来做这个区分，这是我瞎编的，反正，这里所做的区分不是细节和概括、实体和属性、本质和存在、类和个体，说的是语言带来是、存在，这个话题不大好懂，我只说这么几句，有点儿不够恭敬。不过我在别处[2]谈得多一点儿。你们没跟上也没关系，可以放过去，这些不是这个课程的重点，我只是把这当作我们整体论述的一环，把几个环扣上，时间关系，这里只是简单说一说。

从这个课程来说，我想讲的重点是，一个语词能起作用，一方面它跟我们的经验连着，另一方面它在一个系统里跟其他语词连着。[3] 一个语词是语词体系中的一个节点，这个节点的位置是由其他语词确定的，它跟这些语词有各式各样的逻辑关系。感觉语词也不例外，"红色"这个词既需要红色感知的支持，同

---

1 参见本书第1章第4节"看达乎事物本身"。——编者注
2 参见：陈嘉映，《简明语言哲学》，第15章第2节"区分、对应、本体论"，2013。——编者注
3 泰伦斯·W. 狄肯（Terrence W. Deacon）认为，"语词不仅指向世界上的事物，也指向彼此。语词之间建立了联系网络，通常称其为语义网络或词汇网络（semantic/lexical network）"。出自：公众号"理论语言学五道口站"2021年第39期"人物专栏"——西安交通大学王萍博士对泰伦斯·W. 狄肯教授进行的访谈。——编者注

时又是语言系统里的一个单元，它是在一个语词系统中得到界定的。

语言一方面体现着语词之间的逻辑联系，另一方面连着一片感觉，需要感性方面的支持。作家博尔赫斯说过一句话，说得很简洁：所有的自然语言都需要感知。你只懂语词逻辑，没有感觉，你就不明白一个语词的意思，尤其不明白感觉语词的意思。我们只有依托于我们的感知才能够说话，才能够听懂话。

语词既连着感知，又连着逻辑，因此，可以把语词视作感知与理知的交汇。交汇这话我曾用在视觉上，我现在用在语词上，倒不是我改主意了，我的想法是这样的，视觉跟语言是高度重合的。语词是感知与理知的交汇，这个想法我从前也谈过，[1]这一次就感觉语词怎样起作用说得比较详细一点儿。

**反心理主义**

语词需要感性支持，这话本来也算不上怎么高妙，在我看来，一个语词，既有语词之间的逻辑联系，又有这个语词的感性内容，这是件相当明显的事儿，但是你要知道，这一个多世纪以来，语言哲学家常常只从语词之间的逻辑关系来看待语词。这个倾向，总体上说，是弗雷格带动的。大家都知道，弗雷格反对从

---

1 参见：陈嘉映，《说大小》，收录于：《从感觉开始》，2015。——编者注

心理方面来看待语词的意义。

洛克、休谟，一直到布伦塔诺这些人，他们在讨论语言的时候，基本上没有心理主义的忌讳——他们不会觉得有一种东西叫心理主义，那时候还没有心理学这个单独学科，他们讨论心理活动，没有障碍，没有担心，他们觉得这些东西都是反思，都是对日常现象或自然现象的思考。但是到了19世纪末心理学成形了之后，研究者就有一种意识，要区分哲学和心理的东西。弗雷格的反心理主义影响了胡塞尔，结果两大流派，一个分析哲学潮流，一个现象学潮流，都反心理主义。

所谓反心理主义，核心在于反对用心理意象来解释语词的意义，反对从洛克开始的英国经验主义，即我心中的意象决定语词的含义。的确，你要是把你心里浮现的意象当作语词的意义，那就糟了。一说马，你浮现出"马踏飞燕"，我浮现出"西风瘦马"；一说哭，你浮现出"泪飞顿作倾盆雨"，我浮现出"执手相看泪眼"。那就像罗素说的，德国在一千人中有一千种形象、一千个意象，所以德国有一千个意思。

反心理主义是对的，但这个大势使得后来的人只敢谈语词之间的逻辑联系，只敢谈 proposition，不敢谈语词的感性内容。针对心理主义，弗雷格的逻辑主义有相当的校正作用，但是，用说俗的话说，他在这个方向上走得太远了。其实，弗雷格并不怎么关心语言，他关心的是形式逻辑，所以，他不怎么关心语词的感性内容，这对弗雷格不是什么要紧的事儿，但后来那些专门研究语言的哲学家跟着他走，就有点儿不对了。也不只是哲学家，比如索绪尔，他也有一种倾向，主要从形式系统来看待语言。

## 维特根斯坦的"语词体验"

维特根斯坦当然也是反心理主义的，但是后来他好像有点儿含糊。后期哲学里的"用法"在相当程度上就是对纯粹形式性的反拨：语词的含义不只牵涉到语词之间的逻辑联系，因为它跟它在生活世界里的用法连着。但他还不只是谈用法，他还时不时说起关于语言的体验：话语和说话人心里的感觉似乎连着，就是说，我们说出一个句子的时候，心里好像是有某种感觉，所以我们会说，我不只是嘴上说说的，这是我的心里话，我心里有东西。[1] 然后就是我老引用的那句话："理解一个句子与理解一段乐曲，比人们认为的更为相近。"这话可以向好多方向发散，在这个上下文中，我想提醒诸位的是，一段乐曲是没有用法的。乐曲的意义——如果我们在这里可以谈论意义——是它跟我心中的某种东西咬合到一起，它打到心里头了，同样，理解一句话，它会进到你心里去。

这个想法后来出现得更频繁，语词的氛围、晕环、气氛、经验、体验、感觉、语词形象，他用了好多不同的词，没有用一个稳

---

[1] "我可以谈论这一个句子的体验，这个体验是什么呢？我不只是说说，我的确有所意指……仿佛这个话与我心中的某种东西咬合在一起。"出自：维特根斯坦，《哲学语法》，第17节，韩林合译，商务印书馆，2019。（译文是我的）

定的词，也许是因为他没有一个稳定的想法，拿不准怎样叫它，但你查查上下文可以知道，他在说同一个东西，甚至在同一段里，上一句说氛围，下一句说经验，他说的是同一个东西，是同一个东西在困扰他。这时候他有关于用法的一套稳定的想法，但关于这个东西没有。这个东西不断浮现出来，从《哲学语法》一直到《哲学研究》的下部他的心理学研究，这个问题就不断地返回来，语词体验这个问题仍然在困扰着他。

为什么会困扰他呢？因为谈论体验，当然有心理主义之嫌——这都是我胡猜啊。他不断说到这些，但他几乎总是琢磨着用各种各样的方式想把它驳斥掉。他要把它打发掉，甚至有一次他说，把这个语词经验称作一个梦吧，它什么都不改变。[1]

他要把语词氛围啊、语词形象啊打发掉，但不容易打发。就像我们上面引的那句话，说话不总只是嘴上说说而已，它跟我心里的东西咬合，这时候他会说，语词有它原初的含义，此外还有个"次级的含义"（secondary meaning），[2]他做了一个让步，不是一个梦了，的确有这么一种含义，只不过，那是次级的含义。

这当然不意味着维特根斯坦回到了心理主义。讲语词体验，又不陷入心理主义，这个有点儿微妙。简单说，心理主义是把语词意义还原到心理活动，心里的画面决定了语词的意义。不

---

[1] 参见：维特根斯坦，《哲学研究》，第 2 部分第 11 章第 161 节，2005，第 259—260 页。——编者注

[2] "人们在这里可能会说一个词有'原初的含义'和'次级的含义'。唯当这个词对你有原初的含义，你才能在次级的含义上使用它。"出自：维特根斯坦，《哲学研究》，第 2 部分第 11 章第 164 节，2005，第 260 页。——编者注

是的，我们仍然首先在语词的逻辑联系中来理解语词，但语词带着形象，所以，这个逻辑联系不仅仅是形式符号之间的联系，它还包含着形象之间的逻辑联系，包含着"感觉的逻辑"。我们在语词层面上看待心理活动，我们谈酸的、甜的、辣的、麻辣的，我们不谈味蕾在舌面上的分布、感受甜的味蕾集中在哪一片上。

## 贝多芬的形象

特别有意思的，是维特根斯坦说，一个语词有一张脸。他说，"贝多芬创作第九交响乐"，这时你可以有一个画面，"歌德创作第九交响乐"就不行。你可以想象贝多芬指挥第九交响乐，实际上有那张画，他指挥第九交响乐，一转身，满场在鼓掌，他转身之前不知道，因为他已经聋了，他什么都没听到，一转身，满场在鼓掌、欢呼，那个场面非常震撼。你想象歌德一转身，的确有点儿可笑。[1] 我们都记得，维特根斯坦一开始是把语句理解成语词在逻辑空间中配置的可能性，说得简单点，就是逻辑上是否能搭配，那么，歌德跟创作第九交响乐在逻辑上一点问题都没有。现在让维特根斯坦不爽的是，这么搭配很尴尬。

然后是这段话，他说："但若我可能觉得句子像一幅话语的

---

1 "可能是这样：我听说有人在画一幅画，'贝多芬创作第九交响乐'；我很容易想象在这样一幅画上会看到什么。但若有人想表现歌德创作第九交响乐是什么样子，他怎么个表现法？除了难堪和可笑的东西，我想象不出什么别的东西。"出自：维特根斯坦，《哲学研究》，第2部分第6章第16节，2005，第219页。——编者注

图画而句子里的每个词都像其中的一个形象，那就无怪乎即使孤立地不派用场地说出一个词，它也会似乎带有一种特定的含义。"[1] 你要是了解维特根斯坦，你就知道他说出来这话有多难过，肯定有一种东西在纠缠他，有一个他摆脱不掉的东西在，他才会这么说，因为他的主导思想是，唯当一个语词在句子里有个用法，它才有意义。早期他的确把句子和语词比作图画，但他要说明的是另一个思路，这条思路已经被抛弃了，早期他说的是逻辑图画，现在侧重于形象，说的是这个形象本身就有含义。一个语词离开了用法和上下文，它独立地具有意义，因为它有一个形象，这个形象约束了它的用法，能这么用，不能那么用，有点像歌德的形象摆在那儿，我们就知道他能写《浮士德》，不能够指挥第九交响乐。

顺便提一句，究竟应该在词的层面上讲形象还是句子的层面上讲形象，这也是个问题，值得探讨，不过，这些都需要细细探讨，我在这儿就不讲了。

## 语词形象

其实，跳开维特根斯坦，讲语词有个形象，这个讲法十分常见，在语言学里可以说是个常规概念，语词形象（verbal

---

[1] 出自：维特根斯坦，《哲学研究》，第 2 部分第 11 章第 155 节，2005，第 258 页。——编者注

image），也有叫作内部语言的。维果茨基啊、福多（Jerry Fodor）啊、平克（Steven Pinker）啊这些语言学家、语言心理学家都这么讲，就是在语言和索绪尔所讲的那个混沌一片之间，还有一个层面。至于这个层面到底是个什么，各有各的看法。这个层面，语言学里谈得多，语言哲学里谈得少——语言哲学在好大程度上被逻辑学兴趣垄断了。

提到贝多芬，你就浮现出贝多芬的形象，这个很自然。贝多芬是个人名嘛，一个人总有个形象。提到堂吉诃德，你心里也会浮现出一个形象，其实，不像巴尔扎克，写到一个人就用半页一页描写他的模样，塞万提斯那一大本书里根本没描述过堂吉诃德长什么样子。但这里说的不是一个人有个形象，而是一个普遍的陈述（statement）：语词都带着形象。比如像"咬"，它不仅有个定义，还有个形象，有嘴有牙，有一种表情，甚至还带着疼痛感，这些都汇集在了"咬"这个词里。据神经科学家说，"咬"这个词连到了好多感知器官上。[1] 你在用"咬"这个词做推论的时候，你在用"咬"这个词描述一个场景的时候，这个形象是起作用的。"僧推月下门"还是"僧敲月下门"？推和敲的语义你早知道，你现在动用形象来推敲一番。你推论出

---

[1] "当记忆'咬'这个词的意义时，你的思维马上联想到它所包含的身体器官：嘴和牙，还有它们的动作，也许你还会联想到被咬到时产生的痛觉。所有这些姿势、动作和感觉的意义碎片在'咬'字下统一了起来。这种联系是双向的：每当我们谈起特定的一系列事件时，就会说出这个单词，而听到或读到这个单词同样让我们想起一大堆意义。"出自：斯坦尼斯拉斯·迪昂，《脑与阅读：破解人类阅读之谜》，周加仙等译，浙江教育出版社，2018，第126页。

来的东西，可能在逻辑上成立，在感觉上却不能接受，或者不那么妥帖。当然，也有相反的情况，你在形象上接受的东西最后会被推论证否。维特根斯坦讲的一段话跟这个意思差不多，我记得好像是说茶壶吧，他说，你要说一个茶壶在笑，我就不知道它怎么笑，因为它没有嘴——哦，茶壶有个壶嘴，但那个嘴它不适合用来笑。要笑，至少得有嘴，最好也有眼睛。动画片里要画茶壶在笑，得硬生生在茶壶面上画两只眼睛一张嘴。

## 象

这里我们要停下来用心体会一下，语词形象并不是要回到维特根斯坦那么警惕的那个心理主义。语词形象肯定不是什么先验的东西，但它也不是特殊的心理经验。笑有一个语词形象，这不是说，你心里浮现出"仰天大笑出门去"，笑的意思就是这个意象，他心里浮现出"笑向檀郎唾"，笑的意思就是那个意象。这个形象断然不是你心里浮现出来的那个画面。那样的话，你就回到罗素了。语词形象说的是，无论你心里浮现的是什么形象，它都是围绕着语词用法得到理解的，就此而言，可以像维特根斯坦那样把它叫作次级的含义。这个说法有点儿僵硬，但不去管它。这么说吧，语词形象是被语词用法稳定住的形象，比如说笑需要嘴，这是你对笑的理解，你理解了笑你就知道得有嘴才能笑，没有嘴的东西它笑不了。在这个方向上，你可以区分钥匙的形与钥匙的象。

这层意思，也许用"象"这个概念来说最合适。讲语言通常采用两分法的框架，语词与含义，言说与被言说的东西，但此外也有采用三分框架的。刚才我们说到，维果茨基他们谈论语言形象、内部语言。中国思想传统上更突出，这个大家都知道，言、象、意，圣人立象，然后再立言，听音而知象，知象而知意，分出三层。汉语思想里有时两分，名实之分，言意之分，有时三分，言、象、意，或者言、形、意。但是就像汉语思想比较常见的情况一样，分就这么分了，基本上没怎么分析。的确，象是被直观到的，当然，这个直观是概念直观，也许可以跟胡塞尔的概念直观联系起来考虑。象是直观到的，不是靠分析得到的，但这不意味着不能对它进行分析。

传统上讲这个意、象、言的时候，好像是三个阶段，从意到象，然后从象到言。但我更同意维特根斯坦，你直接从意到言，象不是一个阶段，象是言的另外一面，索绪尔说概念就是语词的另外一面，现在我要说，这个语词就是两面，一面就是它的逻辑位置，另外一面就是它的象。在逻辑课堂上，你根据逻辑位置做推理，但平常推理，你还受到象的约束，好处是你有感知，坏处是你的推理走不远。这个我下一讲会多讲一点儿。

我一直对"象"这个概念很感兴趣，但不一定用"象"这个词儿，现代汉语不用"象"这个词儿了，用"形象"，象是个单音词，用起来不方便，不说象，说语词形象什么的。形和象意思好像差不多，古人有时候说言、象、意，有时候说言、形、意，两个都用。但有时区分形和象，"在天成象，在地成形""大象无形"。分开来说，语词形象更多是从象上说的，不是从形上说的。心里浮现的意象、看到的图像，是形——语词形象，是象——象是图画里面跟语词连在一起的那部分。这么说不好，象指的是图画和语词之间的联系，象把分散的经验跟一个概念联系起来。给你的是一幅具象的图画，你心里浮现的是一幅图画，但现在它是作为语词的示例出现的。对，就像举例子，你听到的是一个具体例子，你明白的是这个例子要说明的道理，明白的是形所体现的道理、理知，所谓"象，道也"。[1] 说到三角形的时候，你心里浮现出一个大大的直角三角形，我心里浮现出一个袖珍的等边三角形，无所谓，你浮现出一个歪歪扭扭的三角形也无所谓。因为不是它在决定"三角形"这个词的含义，无论我浮现出什么三角形，它都是"三角形"这个词的一个示例，受到"三角形"这个词的约束。这个三角形的形象是用来服务于"三角形"这个词的。

最要紧的是不要把这个象理解成具体物事的抽象。教科书里会这么说，三角形这个概念是所有具体三角形的抽象，桃子这个概念是这个桃子那个桃子的抽象。第一，是所有桃子的抽象——你没有桃子这个概念，你怎么确定所有桃子的外延？第二，认出两个桃子属于同一种类，不需要语言和概念，猴子就认出那是个桃子。而人们似乎一直认为，概念和语言能力是专属于人的。第三，三角形那么不同，舅舅那么不同，你是怎么

---

[1] 《老子》："执大象，天下往。"河上公注："象，道也。"

抽象出舅舅和三角形的？兔子的脚印跟恐龙的脚印有啥相似之处？这个前面说过了。所谓抽象，实际上是带入了一个特定系统，向语言系统抽象，抽象成一个特定的语词，比如说三角形、脚印。

象不是各个具体图像的共同点，象不是从各个具体图像中概括出来、抽象出来的一个图形。要是从这个路子来想，倒不如说，象不是已成的形象，而是成形的过程，"虽未形，不害象在其中"，[1] 在已成的形象中体现出成形的过程，有点儿像莱辛评论拉奥孔时所说的静态中的动势、空间中的时间。[2] 时间有象而无形。形与视觉对应，象则对感呈现，形是外观，象是内观。说到这里，"象"这个词的优越性就显出来了，它可以是一个具体形象，但它服务于逻辑的目的。前面讲视觉的时候讲到过，我们有时候讲的是视觉的感性内容，有时候讲的是视觉对象之所是，可以说视觉把感知跟理知联系了起来。这个联系用"象"这个概念来说最合适。

**语词形象与语义条件有相似之处**

笑有一个语词形象，这个形象不是先验的东西，但也不是某个具体的心理经验，在这一点上，它有点儿像语义条件。这里我觉得可以塞点儿私货进来，讲几句语义条件。"语义条件"

---

[1] 语出张载《横渠易说·系辞下》："有气方有象，虽未形，不害象在其中。"——编者注
[2] 参见：莱辛，《拉奥孔》，朱光潜译，商务印书馆，2016。——编者注

是我编造的说法,[1]大家不熟悉,我在这里简单讲两句。你用一个词的时候,不仅这个词跟其他词连在一个网络之中,与其他语词具有逻辑联系,而且它依赖于一些条件——语义条件。比如说上下、左右,左和右是对子,上和下也是对子,但这两个对子是不一样的。上下是带着一个平面来的,左右是带着一个中心来的。什么叫作上下是带着平面来的?我们设想,要是说,我睡上铺你睡下铺,那么,自然而然我们就知道,我离地面远一点。上下没有提及地面,但若没有一个基础平面,上下就没意义了。比如说,两个宇航员在外太空行走——宇航员不行,人有内置的上下——两个球在外太空飘着,你说不上一个飘在上面一个飘在下面,你不知道哪个球在上面哪个球在下面,外太空里没有一个可供参照的基础平面,它们离地球那么远,不能用地面做参照系。没有这个参照系,上下就失去了意义。语义条件不是语词的意义,它们是语词有意义的条件。语义条件也不是语境,这些条件是这个词永远带着的。语义条件一方面是从现实世界中来的,但这个现实是已经被条件化的现实——大地事实上是一个平面,但这个平面不是跟着大地走,而是跟着上下走,上下永远带着一个平面作为它的语义条件,就像它随身带着自己的坐标。[2]我们也可以这么说语词形象,语词形象

---

[1] 参见:陈嘉映,《简明语言哲学》,第14章第4节"语境与语义条件",2013。——编者注

[2] 相关论述可参见:陈嘉映,《何为良好生活》,第7章第5节"善'不与恶做对'",2015。——编者注

也是语词自己带着的东西,它随身携带的形象。我们对语词形象和语义条件都不做先验的理解,但是也都不是谈心理经验。

说起语义条件,我就想起那个玩笑,有个现代国王,命令工程师造一艘登日的飞船。工程师说,不行,太阳太热了,飞船到那里就熔化了。国王说,那咱们让它晚上登日。白天和晚上的概念背后有一个语义条件,当你说晚上登上太阳的时候,你就把这个语义条件暴露出来了。维特根斯坦说过,语法笑话显得格外深刻。笑话都让人笑,但笑话的深度差很多。像刘擎在《奇葩说》中的笑话都是很高深的,我说的笑话深度就差了点儿。语法笑话深刻,因为它们揭示出隐藏在日常话语背后的深层逻辑结构,我们一直都知道但我们几乎不会想到的东西,不把它变成一个笑话,我们几乎很难想到。

顺便说一句,常听人讨论,人类社会进步了吗?或者道德进步了吗?"进步"这个概念也依赖于一个语义条件,那就是进步的起点。宇宙飞船升空,你可以说它越飞越高,但它已经飞到冥王星那里了,你不再说它越飞越高,因为失去了参照点。

关于语言我就讲这么多,已经有点儿多了,你们不一定都跟得上,不要紧,明白我的基本意思就好:一个词的确必须跟别的词配着,必须在一个语言系统之中,才有意义,但一个词的意义不完全从它跟别的语词的联系中来,它得在这个世界中,跟感知相连,它才有一个含义。自然语言的语词正是这样,一面跟其他语词处在逻辑联系之中,一面依赖于我们的经验、感知。

## 问答环节

问：您刚刚有提到语言没有办法完全描述感觉到的东西，然后您举了一个例子，比如说音乐。但是，我想，音乐我们可以用音符，用音符说出来的话，大家也就理解在说什么了。其实，但凡您说出这个乐曲的名字之后，我们就知道您在讲的是什么音乐。所以，为什么说我们不能把它描述出来？音符能表达的语言不一定能表达。数学语言或者计算机语言可以很精确，但它没有办法表达出情感之类的东西。

答：你说出乐曲的名字，或者写出五线谱，这不是在描述你听一首曲子感觉到的东西。同样一个乐谱，到不同的指挥手里，到不同的演奏者手里，演奏出来不尽相同，每一个听众听到的感觉也不同。后面你说各种语言各有短长，音乐语言、绘画语言表达出来的东西，我们用自然语言多半表达不出来。这我很同意。

问：我想问一个问题，我们每次提到感知就觉得是属于很私人领域的事情，我想问有没有属于集体或者社会领域的感知，还是一到集体领域我们必须要用到语言，就好像我们只能用理知来沟通。

答：我们经常用各种其他方式沟通，手势、表情、眼神。不过你强调的是感知。感知是可以社会分享的，波兰尼还专门造了个词——convivilality，中文译者译成"欢会神契",专门用来称各种默会的互动。我前面说到音乐,音乐本来是一种高度集体性的活动,可以说人们在交流,也可以说他们沉浸在共同感受之中,在人类学家给我们描述的natives即"原始民族"那里,你可以非常鲜明地感受到这一点,一到晚上,男男女女聚到一起唱歌跳舞,这是个分享的时刻。咱们作为旅游者看不到这些了,唱歌跳舞都成了表演。

# 第七章

# 推 知

上一讲主要讲语言怎样把感知连到理知。讲到语言，我的感受是：没有人不着迷语言这种东西，本来值得大谈特谈，但我们这个系列的主题不是语言，因而只谈了跟我们课题最密切相关的部分内容。但占用的时间已经太多了。好在以前我在华师大谈得比较多——那个时候，你们还没有来上学，我也写过不少，要想知道我的想法，你们可以去读读，我这里就不再去重复。[1]

**语言使得推理成为可能**

我们讲到语言是一个系统，一个意思是说，其中的元素之间具有某种逻辑关系。在一个语词系统里，各个语词互相勾连，这种勾连，最宽泛地讲，就是逻辑联系。红色跟绿色是并列关系，跟颜色是从属关系，跟旗子是形容关系，等等。这些是最

---

[1] 参见：《简明语言哲学》，2013。另见：《约定用法和"词"的定义》，《外语学刊》，2007年第5期；《约定用法和"词"的定义（续）》，《外语学刊》，2007年第6期；《言意新辨》，《云南大学学报》（社会科学版），2013年第6期；《关于查尔默斯"语词之争"的评论》，《世界哲学》，2009年第3期。其他刊登在期刊上的语言哲学论文基本都收录于《简明语言哲学》，这里不再一一列出。——编者注

简单的联系。你进入一个系统，就获得了一种形式，跟系统中的其他成员之间具有一种非自然的、形式上的、逻辑上的联系。逻辑，我是在广义上用的，不是我用错了。你本来是一个游民，现在日内瓦市给了你一个公民身份，公民身份这个形式使你进入了跟日内瓦其他公民的一种逻辑关系，不是一个自然人的关系，而是权利义务关系，比如说你可以去选举公职人员。

既然语词之间有逻辑联系，那么，你掌握了一个语言系统——也就是你会说这种语言之后——你就可以依赖这个系统来进行推理。比如说，你可以从这个人是你的舅舅推论出他是男的，你还能推论出他是你母亲的兄弟。当然，推理不一定都是这个样子的，例如，在我看，类比也是一种推理。不过舅舅这个例子比较简单，我们就以此为例。你可以从雪推论出白色——昨天夜里下了一场大雪，你会预期白茫茫的一片，你没推门看，就知道白茫茫一片。小学生在作文里说下了一场大雪，天地间黑压压的一片，老师给他减十分。你知道鲍里斯·约翰逊是英国首相，从"首相"这个词就能推论出一大堆东西，你可以推论出他是多数党领袖，或者推论出他是个大官或者他是代表英国这个国家说话的，他签字就管用，你签字就不管用，这些你都能推论出来。

我们能够从"首相"这个词推出这个那个，这当然是因为，首相这个概念一开始就包含着这个那个，正是这些东西营造了首相这个概念。事物一旦被命名——我说的是一旦被归属于某个概念，就有了它的是，有了它的存在，你就可以立足于它来推理了。在维特根斯坦的《逻辑哲学论》里，一边是实在，一边是语言，语言摹画实在，两者的共同之处是逻辑形式，要我说，我会说：语言就是实在的逻辑形式，或者说，语言把事物带入了一种逻辑体系之中。不过我这里还是不去谈这个问题吧，都讲完了，下次来上课讲什么啊。

所谓"推论"，意思是说，你不用去看实际情况，就可以从一事推出另一事。你知道他是个鳏夫，你就知道他是男人。但是，你不知道他几岁，这个几岁推论不出，你要去查户口本才知道他几岁，这个你要去查具体的事实。你不用去看世界，你可以从这一点知道另一点。掌握了一个形式系统，你就可以不看具体的事往前走了。你学会了算数，看见 2+2 就得出 4。有个学生问："老师，你还没告诉我那是两个鸡蛋还是两个梨呢，我怎么知道结果啊？"老师糊涂掉了。你管它是梨还是鸡蛋呢，你直接加就完了。

我们此前为一件事情感到遗憾：我们的亲身感受总是表达不尽，总觉得言有尽而意无穷，但语言有它的能耐，有了语言，我们就可以推理。要能够推理，就不能完全粘在感受上，所以，没办法，语言不是专门用来抒情的，你要有理知，就别没完没了感叹你的心意表达不尽。

这种推理就是我们说的理知。推理，靠什么推？靠道理推，不是靠了解更多的实际情况，而是靠道理知道。"不出户，知天下"，这话夸张了点儿，但有那么个意思。凭道理知道就是理知。

而我们的语言里包含着、凝结着很多道理，形形色色大大小小的道理。实际上，语言就是人类理知的源头，语言是推理的基础，人学会了说话，从而拥有理知，就能推理。不少哲学家关注语言和推理的关系，我阅读有限，我所知道的最突出的是匹兹堡大学的罗伯特·布兰顿（Robert Brandom），人们本来从各种各样的角度探讨什么是语义，布兰顿主要从推理入手，他的语义学就叫推理语义学，inferentialism，推论主义。[1]

## 一般事实

我说，我们可以从雪推论出白色，哲学学生可能不同意，你这是瞎说：雪和白是经验上的联系、事实上的联系，不是逻辑上的联系。的确，你可以说这是个事实，但这个事实，不同于昨天晚上延庆北部降雪3毫米这个事实。后面这个是个具体事实，这个事实，如果你不在当地，你不去查看记录，你就不知道。跟这样的具体事实相对，我愿把雪是白的叫作"一般事实"。个殊事实和形式逻辑两者之间隔着一般事实。

我觉得"一般事实"这个概念很重要。"雪是白的"，一般情况如此，但这并不是普遍的，它是 general 但不是 universal。在一般情况下，一个孩子写作文，说，"昨天晚上下了一场雪，

---

[1] 参见陈亚军主持翻译的"实用主义与美国思想文化译丛"，其中包括布兰顿的著述《阐明理由：推论主义导论》，陈亚军译，复旦大学出版社，2020。——编者注

我推开门，外面黑压压的一片"，老师读到会觉得不对头。然而，在一个强污染环境中，说雪是黑的，这话不矛盾。这个孩子也许接下来要讲环境污染。我们有一个正常的或者一般的环境，我们在这个环境中言说，如果依赖的是特殊的环境，我们就得加脚注说明一下。

我从下雪了推论出白茫茫一片真干净，这是因为"雪是白的"这个一般事实被吸收到（embody）了我们的语言之中。语言中沉淀了大批一般事实，比如雪是白的这样的事实。但语言没有吸收昨天延庆下雪这个事实。事实太多，没办法都吸收到语言里，否则我们的语言就太繁重了，一辈子都学不下来。如果事无巨细都塞到我们的语言里，我们推论起来倒是方便了，我们真的就会像罗素说的那样，你学会了这门语言，就能把全世界都推论出来——罗素这话是说来取笑黑格尔的，你要有理知，就可以通过理知把全世界的事情都推出来。当然，真要把世上所有事实都收进我们的语言，推论也就没有用武之地了。

从一般事实着眼，你会看到，逻辑跟事实之间其实没有一条明确的界线。为什么呢？一般事实是凝结到语言之中的经验，它把经验到的世界 embody 在一个形式系统中，纳入了经验里的关节点，使得我们可以利用这个形式系统来推理。经验当然跟特定的社会、特定的人群有关，在一个地方是一般经验的，在另外一个地方不一定是一般经验，在一个时代是一般经验的，在另一个时代不一定是一般经验。换句话说，一般事实和具体事实也没有一条先验的界线。刘擎在《奇葩说》走红了，这是个具体事实，你从刘擎推论不出他有好多粉丝，但现在人人都知道刘擎是个网络巨星，这个事实可能被吸收到语言里面，就像说到诸葛亮，等于说足智多谋。

包含在一般经验里的东西，你要是不愿叫它逻辑，我们可以叫它"道理"。[1] 道理不是纯粹形式的，它包含在一般事实里。一方面，我们可以按道理说，就是说，依照道理来推论；另一方面，这个道理依赖于我们对一般事实的了解。在这个课程里，我们可以说，一般事实是感知与理知的交汇之处。

## 系统的形式化程度高低不一

一个系统的形式化程度有高有低，有的系统形式化程度特别高，欧几里得几何肯定是一个，你们学过的数理逻辑、符号逻辑也是。我们现在讲的，是语义推论。逻辑和事实，语义知识和事实知识，分析命题和综合命题，还有道理和实际情况，它们是相似的对子，这些对子不尽相同，我们可以从很多方面上讲讲怎么个不同。眼下我要说的是，如果一厢是纯形式的逻辑，一厢是一次性的事实，像昨天晚上延庆下了场雪这样的事实，那么，这边是逻辑，那边是事实，分得很开。但是语义和事实不是这样截然分开的，雪是白的是个事实，但它同时也包含逻

---

[1] 关于道理与逻辑，参见：陈嘉映，《说理》，第 9 章第 19 节"概念联系就是事物的一般联系"，以及第 3 章第 17 节"约定与道理相交织"，2020。——编者注

辑——能从雪推出是白的。

总的来说,数学的形式化程度当然高,不过数学里面也分。比起算术系统,代数的形式化程度更高,$a=m+n$,$b=p+q$。有些学生,学算术的时候还明白,到了学代数的时候,怎么都弄不明白。毕竟,1、2、3这些数字,坐落在我们的经验里,所有孩子都明白,比较大的数字,可以从这些小数字延伸出来。可是 $a$ 啊 $b$ 啊,我们平常不用这种方式来思考,他就要问:$a$ 到底是几啊?老师说,你别管 $a$ 是几,你知道 $a=m+n$ 就行了,他就要问:那 $m$ 是几啊?掌握了一个形式化很高的系统,即使你不知道一个符号是什么意思,你也可以进行推论,希尔伯特就是这个意思,最后,到了图灵机那里,它啥都不用知道,它照样推论,比咱们人类推论得还快、还可靠。

人们常常只把这类形式化程度很高的系统称为形式系统。这没问题,但只要是个系统,就有形式联系,在这个宽泛的意义上,系统都是形式系统。生理学是这样一个系统,经济学也是这样一个系统。反正在所有这些系统中,我们最熟悉的就是语言系统。当然了,跟算术、代数比,语言系统的形式化程度没那么高:一方面,语词之间有形式联系;另一方面,语词还需要感知支持,需要同语族人的共同经验支持,没有这种共同经验,人与人之间是无法交流的。

如果你说的逻辑是形式化程度很高的逻辑,那么不能说雪跟白有逻辑联系。不过我要说,我们不是在数学课上、逻辑课上开始学习逻辑的,我们在语文课上开始学习逻辑,不,还要早,一开始学习语言就开始学习逻辑。我们学大小、多少、上下、来去，我们就在学习逻辑，学"雪"这个词，学"白"这个词，就在学习逻辑。家长和老师教给你哪句话说得通、哪句话说不通，哪个搭配是合适的、哪个搭配是不合适的，他们教给你主谓宾，他们在教这些的时候，无论是在教语词还是在教语法，他们都已经在教给你逻辑。大家都记得逻辑这个词 Logik，Logik 来自 logos，logos 来自 λόγος、λέγειν，λέγειν 就是说话。你会说话了你就掌握了一套逻辑，而这套逻辑要细密得多，比你在形式逻辑课上学到的逻辑微妙得多。比如，在弗雷格逻辑里面，and 和 but 被认为是同一个符号，我很丑但我很温柔，弗雷格说，这等于说我很丑而且很温柔，任何一个说汉语的都会觉得第二句话不成话，但是在某一种逻辑系统中，它们是等价的。像 but 和 and 这样的区别，我们三言两语就说清楚了，但是，很多很多语词的微妙联系和区别，只有说母语的人才能掌握，你对母语有感觉，你在每天的生活和实践中体会这种逻辑，练习这种逻辑。这是广义上的逻辑，是说母语的人——假设你不是说得特别烂的话——了解的逻辑。当然，你了解了不一定能说清楚，在语文课上老师把它说得更清楚。

有人说，中国人的思维不怎么有逻辑——现在没人这么说了，现在中国强大了，谁强大谁就有逻辑——一个理据是，亚里士多德在 2500 年前就给人上逻辑课，中国 2000 多年来也没有逻辑课。当然，墨子有逻辑学，但这正好是一个反证，墨子好好的逻辑就没传下来。中国没有发展出形式逻辑学科，这的确是中国学术的一个缺陷，但是直接跳到中国人不讲逻辑就过头了，因为中国人还是学语文的，而且特别讲究语文，事实上可能比谁都讲究语文。

$A$ 大于 $B$，$B$ 大于 $C$，然后 $A$ 大于 $C$，这是你学汉语的时候学会的，只不过在逻辑学课本里它用更严格的方式表示出来。说严格不太对，不如费点劲说用更形式化的方式表示出来。形式逻辑教我们的严格是一种严格，语文课教我们的严格是另一种严格。我语文没学好，讲什么都邋邋遢遢的，说不到点子上，班上语文好的同学，说什么都那么到位，切中肯綮，这也是一种严格，这种严格性，你从逻辑书上学不来。形式逻辑的严格性则是要把事情尽可能带到明确的是或者否。

**语义推理和数学推理各有千秋**

依赖自然语言的推理和数学推理各有千秋。基于感知的推理厚实，像移动一块大石头，推动一步，很多东西连带移动了，但这种拖泥带水的立体推理走不远，而且，这种推理不保证百分百——本来，下了雪你看到白茫茫一片，可是污染太重了，雪可能变成黑的。这两点是连在一起的：因为不能保证百分百，所以走一两步还可以，你根据周边环境知道推理在什么范围内成立，但走远了就不行了，误差指数增长，结论跟前提差出去太多了。在语言里，理知是跟感知混在一起的，你用自然语言推理，你受到感知的约束。好处是你在推理的时候有感知，厚实，坏处是你的推理走不远。

我们平常倒也用不着达到百分百，我们把这个任务留给数学家。数学推理百分百，一路向前，哪怕推出去一万步仍然能够保持真值。但它的缺点是感性内容单薄，我们只能用纯形式的方法来验证推理是否成立，失去了直观。数理推理可以走很远，不像立体推进，像是沿着一条线在推进。

推论有的厚重，但走不远，有的轻灵，但比较单薄。跟感知相比，推论总是比较单薄的，太厚重就一步都推不动了，那就成了感知了。在这一点上，可以跟闻知连着看。前面说过，推知和闻知很不一样，罗素把两者揽到一起，都算作描述之知，因为他要做一个形而上学理论，一切都以亲知为起点，凡不是亲知的，都可以归成一类，这么一来，推知和闻知从不是亲知这个否定的视角都被归成了一类。至于两者正面说来有什么共同之处，罗素不那么在意。现在我们可以想到，跟感知相比，闻知和推知一样，都是线性的，比较单薄。梨子是酸的，这可以感知，也可以听别人告诉我，但闻知梨子酸，你不知道梨子怎么个酸法，听别人讲坐牢的故事，你可以说自己感同身受，但毕竟隔了一层。这跟推知地体是圆的有相似之处，能推理知道地体是圆的，当然是理知的重大成就，但宇航员看到我们蔚蓝的地球，还是会很惊艳。闻知和推知所知道的，总不如感知来得厚重。

我顺便说一句，哲学里常见的论证，比日常推理形式化程度要高一些，但它们离数理推论还很远。有一次有个学生答辩，答辩时他说，哲学书里老在论证，1、2、3、4、5，好像论证得挺严密的，也都挺对的，挑不出什么错，唯一的问题是你不知道它在说什么。这个的确很常见，模仿数学来做哲学论证。要我说，哲学论证跟数理论证很不一样，只说一点吧，哲学里几乎没有长程推理，都是短程推理，不是沿着一条线推下去，而是通过好多短程论证，方方面面，营建一个 gestalt，营建一个形象，让一些深层观念从深处浮现出来，成为可感的观念。数学推论到了最后不需要这个东西，不需要可感性。当然，数学思想需要可感性，数学科普通常从数学思想来谈论数学。

不管了，我们只要知道：第一，凡说到一个系统，其中的元素就有形式联系。第二，有了形式联系，你不用每次都去看世界是什么样子的，就可以从一个单元推向另一个单元。第三，各种系统的形式化程度不同。第四，数学推理和自然语言推理各有千秋。当然，我们总是先要学会自然语言，才能学会数学推理，我们把语言里的形式关系抽象出来，形成形式化更高的系统。自然语言是我们最熟悉的形式系统，也是我们所说的感知和理知的交汇之处，是理知的萌生之处。现在 AI 正在尝试做自然语言之间的翻译，它的路径跟我们理解语言的路径完全不一样，它不是从感知和理知的混合物里剥离出理知，把感知映射到理知系统之上，它始终没有感知，它是把理知的因素对应到我们的感知上。这个话题我们在这儿没法展开，我就讲这么几句，就当我不经论证扔出一个结论吧。[1]

---

[1] 参见：陈嘉映，《说理》，第 7 章第 9 节"形式推论与框架"，2020。——编者注

## 狐狸会推理吗？

语言是推理的基础，也就是说，从语言开始才有理知，只有人有语言，所以，只有人能理知，动物不能理知。

这是传统说法，今天不少论者不再接受这个结论，认为这属于人类中心论。不少动物学家主张，很多动物都会推理，德瓦尔写了一本《万智有灵》，[1] 举出好多实例，说明黑猩猩啊甚至乌鸦啊什么的，都会推理。这牵涉到我们应该怎样界定推理这个概念，这个我做不了，你们要问郁振华老师。我在这里倒是想讨论一下我们在第一课抛出来的一个问题：狐狸看见兔子的脚印，它是推论出有一只兔子跑过去还是感觉到有一只兔子跑过去？我们的课谈论感知和理知，对这个课来说，你不妨把它当作一个主导问题。那天下了课，我跟几个老师一起去吃晚餐，路上就讨论这个，每个人都有一个不同观点——讨论这种事情差不多都是这样的。当然，我的想法跟别人也不一样，这个想法有点儿古怪，你听了一乐就行了。

首先，这不是一个所谓字面之争，不是说，事情本身很清楚，你只不过是叫它感知，或者叫它推论。无论你叫不叫它玫瑰，它是什么花已经很清楚。这不是个字面的争论。如果你说狐狸是在推理，我就要追问，蚊子是不是在推理——狐狸经常出现

---

[1] 弗兰斯·德瓦尔，《万智有灵：超出想象的动物智慧》，严青译，湖南科学技术出版社，2019。——编者注

在寓言里面，狐狸精着呢，它可能会推理，但说蚊子会推理我们都会觉得过了，蚊子触到了二氧化碳它就知道往这儿来找你。感知还是推理？这是个实质问题。

那么，该怎么来思考这个问题呢？当时提出这个问题，你可能不知道怎么去思考这个问题，现在，我们已经有比较多的资源来思考这个问题。我现在也许仍然给不出答案，Yes or No，但我们已经有了一些线索，现在可以把它们集中到这个问题下来考虑。

面对这个问题，我首先问自己：狐狸看到的是兔子的脚印吗？雪地上有两行小小的洼陷，我们说，那是兔子的脚印，那是我们这么说。我们在前面说过，因为我们有语言，在我们的语言里，它们就是脚印。我们不能这样来想：那就是脚印，谁来看那都是脚印。我们来设想一只甲虫。甲虫爬过兔子的脚印，它感知不到那是兔子的脚印，兔子不兔子不相关。洼陷它是感知得到的，因为洼陷相关——它拖一只金龟子回窝，地面的高高低低跟它有关系，它就会感觉到高高低低。

当然，甲虫太笨了，那我们来设想是一只麋鹿，它知道那是兔子的脚印吗？它不知道。为什么不知道？因为它不关心。它看到的是两行洼陷，我是说，它没有把两行洼陷看成兔子的脚印。为什么呢？当然是因为麋鹿不想追兔子，是兔子不是兔子不关它的事。这事儿不相关，它就感知不到。麋鹿没有看到兔子的脚印，当然，它也就不会推论出有兔子跑过去。对于什么动物来说，那是一串兔子的脚印呢？只有对于特定的动物，对于那种一看见就要去追它的动物，对于要吃兔子的动物，那才是一串兔子的脚印。我要说的是，狐狸要吃兔子，对它来说，是不是兔子的脚印相关，它才会看到兔子的脚印，把这些洼陷视作兔子的脚印。狐狸不想吃兔子的话，它就感觉不到那是兔子的脚印。只有有欲求者才能感知，没有欲求者什么都不能感知。感知不是感官的事情，而是整个有机体的事情，整个有机体还包括欲望等。

你看，我好像是在为欲望正名呢。还真是。通常想来，欲望那么低级，理性那么高尚，人们总把欲望视作理性认知的障碍，是的，有时欲望会构成障碍，但首先，它是理性认知的基础，没有欲望，就不可能感知，更别说发展出理知了。

我们太容易被自己的认知领着走，那明明就是兔子的脚印，你就以为怎么说也是兔子的脚印，不是的。需要好多的条件，它才是兔子的脚印。所以，你说狐狸从兔子的脚印推论有兔子刚刚从这里跑过，你完全是身为一个人在思维，你好像在谈狐狸，但是你没有设身处地地去替狐狸想想，你更没有把狐狸想象成一只麋鹿。你看，常有人夸我说我能把复杂的事情讲简单，其实我也挺善于把简单的事情讲复杂的。

好，狐狸想吃兔子，它看到的不只是两行洼陷，是兔子的脚印。狐狸看到的真的是"兔子的脚印"吗？我们不清楚。但鲁滨孙看到了星期五的脚印，这很清楚。你问他看到了什么，他说"我看到了陌生人的脚印"。我们知道他看到了什么，那是因为鲁滨孙会说话，把他看到的混沌映射到语言系统里了，在这个语言系统里，把那叫作脚印是最好的映射。你去问狐狸看到的是脚印吗，它怎么回答？就像你去问蝙蝠看到或听到的，它没办法回答，因为它没有语言。

狐狸不能回答，但若我们替它回答，我们会说狐狸看到了兔子的脚印——虽然我们不能说麋鹿看到了兔子的脚印。但我们说"兔子的脚印"，兔子和脚印是两个词，可以分开——脚印就是脚印，兔子就是兔子，分开来，就可以谈论兔子的气味，或者麋鹿的脚印。这里我可能需要插一句解释一下，我们用句子来谈论事情，这个句子是由一些语词构成的，一个语词必须不仅能够用在这个句子里，也可以用在别的句子里，"脚印"这个词，不能永远跟兔子连在一起，我们必须也能说麋鹿的脚印、人的脚印。如果它只能跟兔子连在一起，它就不是一个独立的语词了。我贸贸然这么一讲，你们可能跟不上，但也只能先讲这么两句，我在讨论维特根斯坦早期的思想时写过这个，[1]你们可以去读一下，读的时候要稍微动动脑筋，不是那么容易理解。

我们通过语言看事情，可以把兔子和脚印分开来看，可以在只看见脚印没看见兔子的时候谈论"兔子"的脚印。可是对狐狸来说呢？也许根本没有分开，兔子的脚印直接就连在兔子身上，另一面又跟它对兔子的欲望、预期连在一起。如果是这样，我们就不能说狐狸看到了一串脚印，推论那是兔子的脚印，推论刚刚有兔子跑过。

---

1  参见：陈嘉映，《简明语言哲学》，第 7 章第 2 节 "事实与物"，2013。

## 感知是整体的，推论是分步骤的

只有把脚印和兔子分开，才谈得上从脚印推论出有只兔子。在推理之知中，推理的步骤跟结论是可以分开的，我是说，必须分开。比如，如果 $A$ 大于 $B$，$B$ 大于 $C$，那么 $A$ 大于 $C$，这是一个最简单的推理，这里，$A$ 大于 $B$ 是一回事，$B$ 大于 $C$ 是另一回事，一码是一码，它分成一个一个环节，然后得出结论 $A$ 大于 $C$。推论是所谓 discursive thinking，这个西语词不好翻译，通常译作推论的；康德说，人类的理知，即经由概念的认知，都不是直观的，而是推论的。[1] 不过，这么说也要谨慎，我们讨论一般事实的时候说到过，逻辑和事实不是完全分开的，或者这么说，纯形式的推理和语义推理有区别，脚印这个概念连着某动物跑过，或者反过来说，有动物跑过这一点多多少少隐含在脚印这个概念里，所以你能推论出来有动物跑过。

$A$ 大于 $B$，$B$ 大于 $C$，这是两个独立的事实，但感觉不是这样。推论是分步骤的，感知是整体的，我们讲过，我们首先感知到的是一个 gestalt，是一个整体，因为只有作为整体它才有意义。在推论中，前面的一步一步好像是给结论提供证据，但在感知中不分证据和结论，感跟知连着，你感你就知了，你直接感觉到那个结论。这个结论不需要证据，或者说，你那个感觉就是

---

[1] 参见：康德，《康德著作全集（第 3 卷）：纯粹理性批判》（第 2 版），李秋零译，中国人民大学出版社，2004，第 80 页。

证据。

所以，你就知道最好不说狐狸从脚印推论出刚刚有只兔子跑过去。这些事情在狐狸那里也许是连成一片的。所谓连成一片，我的意思是说，在狐狸那里，兔子的脚印只跟兔子刚刚跑过连着，不跟其他别的事情连着。

兔子的脚印跟兔子永远连在一起吗？狐狸看到兔子的脚印，就一定直愣愣地去追兔子？像一条直线似的？狐狸看到脚印的时候有可能犹豫。这个脚印可能新鲜，可能不新鲜，如果那是挺长时辰之前的脚印，狐狸会犹豫，追呢还是不追？它看见脚印跟看见兔子是不一样的，反应不一样。我这么说你们能跟上吗？我是说，要区分这些反应，动物学家可不可以说，狐狸看见兔子的时候，它直接看见兔子，它看见脚印的时候，这只狐狸推论出有一只兔子？不这么说，这位动物学家该怎么说呢？他可能真的就没有好的说法。于是他就把这个说成推论。这里我们遇到的不是一条鲜明的界线：这边是感知，那边是推理。这里有一系列过渡，需要更为细致的考察，但我们至少要提醒自己，这里说到推理，跟语义推理不是一回事。

我们这个课讲感知和理知，我们一上来没有做定义，但讲到这里，我希望，我们对感知和理知区分得更具体些、更清楚些了。但我们也看到，两者之间的界线并不是那么鲜明。感知中不一定包含理知，这一点应该比较清楚，草履虫感知，蚊子也感知，但我们很难说它们有理知。但也许，说到狐狸，说到黑猩猩，它们的感知里面已经包含了某种理知。

## 美元与密码,以及用法

课程一开始,我讲到三种情况:感知,理知,既可以感知也可以理知;感知有时候已经包含了理知,反过来呢?理知中是否一定包含感知?理知能不能转回来变成感知?——这些问法挺笨拙的,不过你们大致能明白我的意思。

我还是用折算美元这个例子开头。初到美国,美元值多少我要折算成人民币,我知道美元值多少,先是一种理知,但后来,我慢慢对美元有感知了。当然反过来,一个美国人正好相反,这是一个对称的关系。初学英语跟这个有类似之处。我一开始读 *Sein und Zeit* 的时候,一边读一边翻译,不是为别人翻译,是为自己翻译,我懂德文,但不那么熟悉,一点一点琢磨,我们不像对母语那样对德文直接有感觉(make immediate sense)——如果能那么说的话。德语和汉语也是互逆的。当然,学会德语跟折算美元有一个很不一样的地方,那就是德语和汉语是翻译,不是折算。这背后有很多可说的,但这不是我眼下要说的,我现在的问题是,是不是所有理知最后都可以转回来变成感知?

好,我们现在来想想密码。密码有好多种,有一种密码很简单,电视上看来的那种——一本《圣经》,他写8个数字,你按这8个数字在《圣经》里是多少页多少行第几个字,你把它挑出来。爱伦·坡写到过一个类似的,但比这复杂。我这里再引一段维特根斯坦:

> 你给我一个用我不熟悉的符号写成的句子,同时给我破译它的密码钥匙,那么从某种意义上来讲,你也就给了我与理解这句话有关的所有东西。不过,问我是否理解了这句话,我仍然会说:"我必须首先破译它。"直到这句话译成了德语,摆在我眼前,我才会说:"现在我理解它了。"……
>
> 我说一句话:"我看到那儿有一个黑斑";而这些词不过是随意的:于是我把这些词依次替换为字母表中的头6个字母。现在这句话就变成了"abcdef"。但我马上会注意到,我无法——人们会说——直接用这一新的表达式来想前一句话的意思。或者我也可以这么说:我还没有习惯不说"我"而说"a",不说"看到"而说"b",不说"那儿"而说"c",等等。而我的意思并不是:我还没有习惯见到"a"这个符号就联想到"我";而是:我还没有习惯在"我"的位置上使用"a"。
>
> (维特根斯坦,《哲学语法》,第1卷第6节)

abcdef,相当于给你6个数字。他给了你一串密码,你把它翻译成一个汉语句子。当然,一到汉语句子你就理解了是吧。看起来有点儿像你初学英语,但接下来就有了区别,我在美国待的时间长了,慢慢地,我就对英语或者美元直接有感觉了;我对 abcdef 却永远没有感觉,只有等到它翻译成了一句汉语,我才对它有感觉(make sense)。

是什么造成了这种区别呢?我们说,英语和汉语是互逆的,看你最先熟悉的是哪一种，这无非是说，有的人对英语本来就直接有感觉，比如，英语圈的人，他们对英语就直接有感觉，一开始你对英语没有感觉，那是因为你是从外面进入这个圈子的，你需要理知帮助你进入这个圈子，你真进来了，就像英国人一样就对英语直接有感觉了。我们讲的这种密码，abcdef 这样的一个密码，它不是这样的，它不仅对你是陌生的，而且，没有任何一个圈子的人已经在那里用 abcdef 说话。

这个区别重要吗？重要。我们还来讲维特根斯坦，他喜欢讲语言的用法，我进一步讲，由于有用法，因此有逻辑。我们把山底下那块叫作山脚，把山中间那块叫作山腰，山腰和人的腰有联系。这个明显。你说醋是酸的，你胳膊举久了你说胳膊酸了，这两个酸的联系也许没那么明显，但也是有联系的。你胳膊举久了你说胳膊甜了，或者说，胳膊蓝了，胳膊蓝跟天蓝就没有逻辑联系，我想没有哪种语言里会说胳膊蓝了。英语里辣的、热的是一个词——hot，汉语里是两个词，不过，我们也说热辣辣的。

是有了用法才有逻辑呢还是有了逻辑才有用法？这是个值得一说的事情，但我们眼下不去管它，不妨说，这两方面其实是一件事的两面，反正，用法里包含逻辑，或者说，只有包含逻辑的才叫有用法，否则就叫瞎用。这里说的是自然语言里的逻辑，不是先有一套先验逻辑，然后我们根据这套逻辑来确定语词之间的联系。用法跟逻辑互动。

用法不是说，我就这么用了，你怎么着？没道理的用法不是用法。当然，这个道理可能是我们一开始谁都不知道的道理，你是个诗人，你的用法可以是簇新的用法，但这个簇新的用法也有道理在其中。这可以从演化论来想，人家长五根指头，我六指，你拦不住我长六指，但这不合乎道理，我长了，传不下去。可谁知道，结果六指是有道理的，更有道理，以后人都变成六指了。你会说，五指更有道理还是六指更有道理，这要看环境是什么样的。完全正确，加十分，道理本来就跟环境连在一起。我们刚刚说到先验逻辑，道理不是从先验逻辑里推衍出来的。所以我说，实际用法跟道理互相纠缠，那些有道理的用法才是用法。

## abcdef 转写成"我看到那儿有一个黑斑"不是翻译

这样我们就清楚了，abcdef，跟英语不一样，它没有用法，它不编织在生活里。这也相当于说，abcdef 这些符号之间没有逻辑联系，或者说，a 指这个，b 指那个，这两个指法之间没有逻辑联系。

你可能坚持说，abcdef 也有用法，例如，a 必须对应我，b 必须对应看到。但一个语词的用法说的是它根据某种道理可以这样用不可以那样用，这个道理内在于语言系统，a 对应于我，这个规则是外加在 a 上的，不是 a 的用法，不依赖于 a 在 abcdef 里的逻辑。这串符号内部没有逻辑联系。这跟把 I 翻译成我是不一样的，那只是对应，不是翻译。a 和我对应，这是点对点的对应。初看起来，I和我也是点对点的对应，不是的，I首先在英语里有用法，有它的位置，它在英语里的位置相当于我在汉语里的位置。英语语词之间有一套逻辑，汉语语词之间有一套逻辑，abcdef之间没有一套逻辑。至少我举的这种最简单的密码是这样，密码跟明码是一对一的联系。在这个意义上，这系统本身不是一个系统。你说，它们有逻辑，这6个字母是按字母表顺序排列的，这是一种逻辑，但这个排列顺序跟"我看到那儿有一个黑斑"里面的6个词的排列顺序没关系，谈不上把abcdef的逻辑映射到"我看到那儿有一个黑斑"的结构里来。所以，把abcdef破译成"我看到那儿有一个黑斑"是解码，不是翻译。当然，我们也说"翻译密码"，这是在很宽的意义上说翻译，跟两种语言之间的翻译不是一回事。解码也需要一套规则，但这套规则跟密码和明码这两个系统内部的逻辑没关系。这跟我把"I see a black speckle there"翻译成"我看到那儿有一个黑斑"不同，翻译里也有一点儿解码的工作要做，但总体上，英语的逻辑跟汉语的逻辑虽然不尽相同，但两者的道理有很多重叠或相通之处。

关于规则和用法还可以说很多，但我们就停在这里吧。维特根斯坦自己有时也把规则和用法混为一谈。《哲学研究》里包含一大片规则的讨论，这是从较早的稿子里直接移到这本书里的，在我看，其实跟《哲学研究》里的主导思想不怎么适配。

假设我是个译密码的、一特工，假设我记忆力特别好，而且我成天干这个，你一说abcdef，我不用翻书，马上就知道是哪几个字，知道你在说"我看到那儿有一个黑斑"。我们很容易把这混同于我好多年前用美元买东西的那种经验，混同于有感之知。但不是那么回事儿，这个源于我折算的熟练，而不是那些密码本身有了用法或者逻辑。我最后懂得的或者感知到的仍然是那句汉语，而不是密码之间的联系，这些密码之间是没有逻辑联系的，这是我要强调的。一套复杂的密码，也可能自己就是个系统，各个密码之间有逻辑联系，这个我不懂，但是abcdef这个不是这样的系统。

当然，你可以设想有一批人一开始就用abcdef这种表述方式说话，这个可以，不是你说黑斑，他脑子里先翻译成f，他直接说f，那abcdef就不再以现在这种方式连着，它们像单词那样互相联系，就像我们编出一种世界语，大家都用它说话，最后它演变成一种自然语言。

我是切汇的，对兑换率特别熟悉，我在美国生活了好多年，对美元值多少特别熟悉，这两种都可以从不熟悉变得熟悉，但它们的性质不一样。一种是熟练掌握折算规则、转换规则，一种是把数字公式什么的跟日常经验连起来。都是变得熟悉了，但仍然应当区分这两类。最好只把后一类叫作直接可感。后者有点儿像我们理解一句格言，一句格言，小时候听到，只是字面上懂得，后来人生经验多了，说现在我真正懂得什么叫向上的路和向下的路是同一条路了，这不是因为你对一套转换规则熟练了，而是你有个更广泛的经验的支持。这种理解像个无底洞，有的格言你毕生会不断加深领会。

## 理解数学公式

我们再来想一想另外一种——数学公式,比如二项式啊、指数的四则运算啊,我们能不能对它们直接有感觉?那些复杂的物理学公式,还有那些很抽象的物理学概念,物理学家能不能对它们直接有感觉?

我们给小学一年级的孩子讲四分之一这个概念,说一除以四之后,它的结果是四分之一,这个你要举例,一块蛋糕切成四块,先切成两半,你拿到了一半,再切一刀,你拿到了四分之一,四分之一跟蛋糕连在一起,他就比较容易明白这个四分之一是什么意思了。他的明白有他的经验托着。但过两年你给他讲同底数幂的加减乘除,就很难找到适当的经验来启发他,你把幂的四则运算还原到指数的基本概念来给他讲解,教给他为什么同底数幂相乘,底数不变,指数相加。随着孩子长大,你的教学法老在变。一开始你讲那些最最基本的东西,用日常经验的例子,一次花五块钱,把五块钱摆在那儿,花了三次,你摆上三张五块钱的票子,这样教他 $5\times3$ 等于 15。不妨说, $5\times3$ 等于 15 是有感性内容的。但你不用这种方式讲幂的四则运算。

相当明显的是, 2+3=5,这个编织在我们的日常经验里,就像我们说他登山时间长了,所以累了,经验告诉我们,做吃力的事情,时间长了人会累。那么, 350 兆呢?我一直认为,大数字跟 2、3、5 性质不尽相同,并非好像都是数字,只是大小不同,大数字, 2 的 10 次方、10 的 20 次方,我们对这些没有感知,它们只有通过逻辑规则跟2、3、5联系在一起。在这个意义上，它们有点儿像密码。

大数字这个例子不太好，我们至少对大小有个感觉。最好用一个遥远而复杂的公式来举例，比如说一个微分方程，我不懂微积分啊，就是举个例子——这时候用一个我不懂的公式来举例恰恰好。你给我讲一个微分公式，这个符号代表的是什么，那个符号代表的是什么，我记住了，然后你给我一道特别简单的例题，我把其中各项对应到这个公式的各个符号，按照你刚刚教给我的程序一步步演算，哇，我解出来了，微分我弄懂了。且慢，我弄懂了吗？换一道题，给我一道稍微变形或者稍微复杂一点儿的题，我又蒙了。比如说 $a^2-b^2=(a+b)(a-b)$，你教一个3岁的孩子，把一个一个数字代入，然后按什么程序做下一步，他照猫画虎做下来了，这算他懂得这个公式了吗？

好，他不懂；后来他长大了，学代数，学霸，$a^2-b^2$ 小菜一碟，这时候他懂了吗？我的意思是，是他变得越来越熟练了，还是他现在对这个公式有感知了——就是说，像密码专家那样变得极其熟练了，还是这个公式融入了他的生活经验？都不很像。的确，在我看，都不是，是另外一种。

数学家对一个复杂公式直接有感觉，或者说，他有感觉，有直觉，我们没有直觉。一个公式，他一看就大致知道这个公式用得上用不上，应该改用另外哪个公式，一个公式指向哪个方向，他有感觉，马上就能看出来。那是不是这个复杂公式对他来说已经编织在日常经验里面了呢——就像1、2、3、4、5

对我们来说是融在生活经验里面那样？我个人觉得不是。但也不是像密码专家那样变得越来越熟练了。把密码转成明码的一套规则是外在的，但数学公式之间的转换依赖的却是数学内部本来就有的一套逻辑，数学内部有个结构，分出不同层次等，层次之间也都有逻辑相连。在这个意义上，数学符号、数学公式也有用法，这说的不是一道应用题可以选用这个公式或那个公式，而是说，一个公式在系统中有它的用法。

所以我想说，数学行家对复杂的公式有了直观，既不同于熟悉了美元，也不同于熟练的密码解码。这两种在数学里都有，小学生刚开始学数学，要把数字、公式什么的跟日常经验连起来，也要学习数字、公式之间的折算规则、转换规则。但这两种都不是数学家的直观。数学家的直观指的是掌握了符号公式在数学系统内部的用法，懂得它们在系统内部的逻辑。

我这种不懂数学的，在一个意义上能掌握一些数学公式，在特定场合能使用，计算 $99^2-88^2$，我不懂乘方，但我可以套用一个公式把它变成四则运算，我查一下公式，照猫画虎，算出来了，就像图灵机那样工作。可是数学家不止于此，他能感知这个公式的意义，举一反三，你看他，嘿，这个公式还能这样用，还能这样延伸、转换；就像你读诗，哇，诗人这样用这个词。就像初学外语的人，我那时候背单词，一个一个写成汉语，最后出来一个汉语句子，像解密码似的。

## 经验理解与专业领域内的理解

一个抽象的数学符号，一个公式，它怎么可以变成一种可理解的、在可领会的意义上的可理解的东西？逻辑之知怎么会有感？这事儿还是很费琢磨的，我的想法是，一个公式，它在数学系统内部是有用法的，它不只被规定了必须这样用；或者说，这些规定是有道理的，有道理就超出了规定，于是可能举一反三。只不过，这个道理是数学内部的道理。我可能不理解这个道理，但能够照猫画虎那样应用一个公式，但弄通了数学的人明白这个道理。卢瑟福说，如果他不能给大一的学生讲清楚，那就是他自己没弄懂。我最近刚看了一本书，那个作者在导言里说的是一模一样的话，他说要是我不能对普通读者写清楚，我就会怀疑是我自己没弄懂。我相信他们说这个话不是矫情，在一个意义上，只有把一个物理学概念、一个数学概念融通到我们的整体经验里，才算是彻底弄懂，但除此之外，还有一种理解，那就是在一个理论系统内部的理解和不理解。几乎所有物理学家都说，量子物理学还没有获得彻底理解，可是说到物理学内部的理解，当然，卢瑟福有卓越的理解，而我们傻乎乎的啥都不理解。

我从前想得比较粗糙，区分自然理解和数理理解，不区分数理理解和按照规则转换符号的理解，把两者都称为技术性理解。这是不对的。对于"技术性理解"这个用语，我就一直觉得很不舒服。

归结下来，我觉得应该区分几种情况：第一种是维特根斯坦所说的用法，以自然语言为范本，通过用法，词语沉浸在经验世界里，所谓语言游戏，用法使得词语有意义，我们感知这种意义。第二种是数学中公式的用法，有点儿像词语，但它不是沉浸在经验世界里，是沉浸在数学世界里。第三种是解密码，专家熟能生巧，你一说 abcdef，他就知道是"我看到那儿有一个黑斑"，但 abcdef 仍然没有意义，没有用法。

**感性-知性-理性**

我们谈感知和理知，现在看起来，理知跟感知的关系不是一式的，有的理知含有感知，有的理知不含有感知。语言之知是一种理知，但它总是要有感知。数学是个理知系统，但这个系统的开端之处有感知，在这个系统的内部，你可以有感知。从密码到明码，依循规则转换过来就可以了，不需要感知，也没有感知。如果它没有道理，没有内部的逻辑联系，你就无法感知它。

这种带有感知的理知，我经常称之为有感之知。感知作为知，当然是有感之知，不过，我说到有感之知指的不是感知，因为感知当然是有感之知，我主要指的是内含感知的理知。

本来人们只区分理知和感知，但随着近代科学的发展，就多出了一种区分：有感的理知和无感的理知。理知从语言发端，语言里的语词是一些符号，但这些符号有感性内容，语词带着这些感性内容推理，比较笨重，走不远，减少感性内容，推理就可以走很远。数学推理是个范例。但最初，数字也是带有感性内容的，在最早的数理学家毕达哥拉斯那里，1是直接有意义的，4也直接有意义。这个我们不多说。

有了希尔伯特，有了图灵机，我们今天相当清楚什么叫作无感的推理。从前没有这么清楚，但敏感的哲人已经感觉到，新哲学，也就是现在所说的科学，有一种倾向，要向无感的理知发展。最早觉察到这个的应该是意大利哲学家维科，但我们也可以套用德国古典哲学的 Vernunft 和 Verstand 来说这个，翻译成汉语是理性和知性。"知性"这个词一面跟感性捉对，一面跟理性捉对。这个词现在有了日常用法，知性女主播，不光靠颜值，还挺有知识的，有理解力。我们这里说的知性没那么生动，说的是认知的一个层级，知性比理性低一等，因为知性是抽象的，而理性是感性和知性的统一。德国古典哲学家对这些有很复杂的说法，黑格尔甚至把康德的理性看成其实没有超出知性。黑格尔是要回到绝对，回到直接性，只讲理知，只讲推理，这个直接性就丧失掉了。这个我们不管它，只说感性-知性-理性这么一个三段式，感性最低，知性比感性高，最高的是理性。这三者的高低顺序应该怎么排，你们自己去决定，但在我们这个课里，从思想发展顺序来说，我们一开始有感知，后来发展出了理知，这个理知不分成带感知的还是不带感知的，它的体现就是希腊人不分哲学和科学，不分 Vernunft 和 Verstand，更不分有感之知和无感之知。不带感知的纯粹理知是后来发展出来的，是图灵机逼着我们去区分这两者。现在不少人在争论图灵机或电脑人最后能否有感觉，有意识。有人说能，有人说不能，你们停下了想一想,你站在哪一方,Yes or No?无论你站到哪一边,你都可以找到一些理由,前人也提供了不少理由来支持你。能还是不能,你说。别问我,我不知道答案,要答案你们下课以后缠着刘擎老师去问。

心智哲学里有个所谓"知识论证",探讨的差不多是同一个问题。有一个 Mary,从小生活在一个密封屋子里面,这屋子里就黑白两色,没有其他颜色,她掌握了一切物理学的知识,她知道红颜色是多少光频,绿颜色是多少光频,命题知识她统统知道。终于有一天,门开了,她走到外面,看见花红柳绿,她能认出那是红颜色吗?主张 Yes 的那一派似乎认为,我们可以通过命题知识逼近感觉。但在我看来,命题知识,关于事实的知识,是用来搭建客观世界的,不是用来逼近感觉的。感觉是靠培养的,不是靠推导的。知道世界上所有的物理公式,这个设定有点儿夸张,其实问题很平常,就是我们第五章讨论的问题:你没吃过酸的,人家给你形容一番酸是个什么滋味,你是不是就能知道酸是个什么滋味?我的看法是,物理公式没办法教给你感觉,你得尝过酸东西,别人告诉你梨子酸,你才能知道怎么个酸法。

希腊人讲 nous、讲理性,那就是哲学了,笼统说起来,哲学的这种理知是有感的理知。希腊人自己认为他们追求的是纯粹理性,要摆脱感性,而我们今天回过头来看,他们从来没有摆脱过感性。所以,海德格尔不把 nous 翻译成 Vernunft,而翻译成 Vernehmung,Vernehmung 翻译成汉语,我们一般译成感知。你看，希腊这个 nous，我们都翻译成理性，但要途经海德格尔的 Vernehmung 来翻译，却成了感知。我不是在讨论怎么翻译更好，我只是想说，感性、知性和理性它们有这样一个纠缠。我不知道你们能不能跟上，能跟上吗？其实也无所谓跟上没跟上，我并不是在做一个大型的推理，从前提开始，经过很多论证，最后要达到一个结论。你就把我讲的当成一些散点来听就行，觉得哪个地方有意思，你就多想想。这些点是互相联系的，就此而言，也可以算是个系统，但你们就在课堂上这么一听，肯定听不出多少前呼后应，你能听到多系统就听多少，听不到也没关系。

反正，我们不能一讲希腊人的理性，就想成我们现在所讲的理性。我总让学生们多读一点希腊的东西，哪怕多听说一点也好。缘故也蛮简单的，我们在有了理性的东西之后，经过2500年，我们已经在脑子里积淀了无数的理论，而且这些理论可能是互不相容的。但是，因为我们很忙，没有时间把它们都弄清楚，所以，我们的脑子是分裂在各种理论里面的，然后一层又一层的意识形态在左右我们怎么看这个世界、看人与人的关系，这肯定是有好处的。但是，我现在讲一个坏处。你去看希腊人的时候，你会发现希腊人的眼光特别清楚，这话不是我说的，你去读互不相干的书都能发现，我前段时间读薇依的《伦敦文稿》[1]——在座的也许有一两个人也读过——她关心的事情跟我们讲的完全不相干，但她有一处提到，说希腊人不会像现

---

[1] 西蒙娜·薇依，《伦敦文稿》，吴雅凌译，华夏出版社，2020。——编者注

代人这么糊涂。所以,我们总要多去琢磨希腊,如果你真想把世界想清楚的话。

## 无感的推理

希腊人的理知是欧几里得式的,我们对图形是有感知的,希腊人想不出四维空间。不妨说,哲学是三维空间的理知,而科学是四维空间的理知。科学是从哲学开出来的,就是说,科学是从有感的理知开始的,但若科学结束在图灵机这里,那它最后就结束在完全无感的理知那里。这背后有一个长长的历史,从哲学到科学,从科学理性到技术理性,我在这里只说结果,这个结果就是:"感"和"知"逐渐变成了两个不相干的事。图灵机不用感知就能推理,比我们谁都推得快、推得好,这是无感的推理。

图灵机会推理,但它啥都不理解,不过,设计者还知道它是怎么工作的,为什么你输进去这样的一些数值它会得出那样一些数值。到了深度学习,计算机或者是人工智能,连设计者也不知道它怎么就得出了那些结果。我们普通老百姓都知道的一个例子就是 AlphaGo Zero,横扫所有的围棋世界冠军。现在世界上最好的棋手是一个韩国孩子,特别小,十几岁,AlphaGo Zero 可以授他两个子。但是 AlphaGo Zero 是怎么赢的呢?它为什么下这步棋?没人知道。包括它的设计者。他们设计了一个程序——当然,事实上,是设计了一大堆程序——设计完之后,电脑自己就可以去学习,"深度学习",然后发展出了它自己的推论方式,它是怎么推论的,我们不知道,顶尖的 AI 专家也不知道。用 AI 界的行话说:失去了可解释性。什么叫可解释性?我不太懂,咱们这里马上要举办一次意识问题会议,有一位中国顶尖的 AI 专家陈小平会来,你们可以请他讲讲非解释性。我简单讲讲还可以,解释这个词或者这个概念是把我们连回到感性世界的一个主要途径。一个公式,我们看不懂,专家解释给我听,把这个公式连到我已有的知识上,最后连到我能够感知的经验上。非解释性大致就是我说的那个没有感知的理知,我们看得到它的结论,但不知道这个结论是怎么推出来的,你甚至看到它的推论,每步推论都合乎规则,但我们不知道它为什么这么推论,我们不知道怎么把它连到我们的经验上。

我们还记得,"感知",sense,就是意义。图灵机可以把我们带到很远很远,但我们失去了感知,意义好像流失了。

**外部之知与内部之知**

上面说的,也可以说成外部之知与内部之知。在某种意义上,理知偏向外部之知,在你的脑子里转,没有融化在你的心里,甚至你可以把它外化到词典里面、密码本里面、兑换表里面,最后交给计算机去处理。但是感知就不大行,我们怎么把感知放到机器里面? AI 能帮我们解决哪一类的问题,不能做哪些,这个你们可以去想,我也会去想,也许下一个大课程就做这个。

归纳下来,我们对整个世界的理解,有可能是理知的,有可能偏重理知，有可能偏重感知。世界可能有点宽了，举个例子吧，我在别处举过这个例子：欧洲人到了北美洲，跟印第安人打交道，他们要去了解印第安人，无论跟印第安人做买卖还是跟印第安人打仗，他们都需要知道印第安人的作息，印第安人吃什么、用什么武器，这些都要去了解。这是一种知己知彼。这是一种知，但还有另外一种知。跟印第安人打交道多了之后，有一些欧洲人不愿意把印第安人看作外在于自己的，只是被利用的或敌对的，在他们看来，印第安人也是人，他们想要去了解印第安人的信仰和世界观，想要去了解印第安人是怎么想问题的，是怎么感受这个世界的，他们为什么以他们这种方式行为处事，举行各种仪式。换句话说，他们想要了解印第安人是怎么感知世界的，这就必须动用自己的感知。

外部之知与内部之知是个常见的提法，我自己也常这么说。不过，像所有两分一样，这个两分只是开个头，我们上面讲的要稍微细一点儿，理知当然不能等同于外部之知，但的确可以从理知发展出纯粹外部的知。

第八章

# 感-知与感受

### 西方认识论的兴趣在知而不在感

我们一直在讲感知与理知,这时候,感知是一个词,但现在,这个词好像被拆开了,感-知,一半是感,一半是知。或者这么说,有的是没有理知的感觉,有的是无感的理知,只有一部分是有感的理知,我们称之为有感之知。

的确,说到感知,我们有时侧重在感、感觉、感受,有时侧重在知、知道、知识。这么分开来说的话,我会说,在西方的哲学传统里,主要对知感兴趣,讨论感知,真正的兴趣是在认知,它在往理知发展这个方向上对感觉有兴趣,对感觉、感受本身不一定有很大的兴趣,好像感知是理知的预备阶段。我们一开始讲到过罗素的亲知,他并没有好好去琢磨亲知是怎么回事儿,他要的是一个形而上学的认识论。西方不大讲感性,没有感性学,后来有了感性学,aesthetics 本来是感性学,不知怎么一弄,就成了美学,好像只是讲艺术的。总之,西方讲感知,想的是"知",是感知怎么发展成理知,进一步,理知怎么发展成系统理知。因为理知,尤其是系统理知,才是普遍的认知、确定的认知。

因为有这样一个动力,把理知作为目标,所以,感觉就被认作比较低级的,如果你的目标是理知,感知当然就是低一级的认知,被当作理知的一种初级的、残缺不全的形式。这也难怪,所有动物都有感知,那么人身上的感知显然就不值什么,只是你的动物性而已。人真正值的是理知。感知是低级的,理知是高级的,感性认识要"上升"为理性认识——我们年轻时候读的教科书都这么说。普通老百姓主要靠感知,比较低级;读书人懂道理,读书明理,比较高级。所以,从感知到理知是上升。

## 确定性

不管了,反正,理知比感知优越。为什么?好多方面。一个方面很显然,感觉啊、经验啊,都比较狭窄。有人喜欢批判各种主义,批判经验主义的时候,主要是批判它狭窄。

对感觉的另外一个指责是,感觉常常出错——这是个奇怪的论据,因为理知也常常出错,咱们都常常算错题。

理知比较高级,另外一个原因是,据说,理知比较确定。的确,谈话的时候说"我感觉是这么回事儿",表示不确定,不像"我知道"那么确定,不像 I claim 那么斩钉截铁。有的人比较礼貌,比较客气,他就喜欢用"我觉得",有的人自信满满,他啥都知道。从确定性着眼,感知的确不是那么确定,我们一开始就讲到,感觉院子里有人，那就是还不知道院子里有没有人。

古代也谈确定性，但没有那么突出确定性。有的哲学史家说，确定性成为认识论的核心是从笛卡尔开始的。你们还记得笛卡尔的怀疑，怀疑一切，最后，"我在怀疑"这件事成为一切知识的出发点。为什么呢？因为只有这一点是确定无疑的。近代是有这种倾向，好像认知里最重要的东西是确定性，前面讲到感觉与料理论，也是因为感觉与料最确定无疑。数学似乎是认知的典范，因为数学认知最为确定。当然，也有论者表示不同看法，数学史家克莱因就写过一本《数学：确定性的丧失》[1]。物理学也不见得都是确定的知识，普里戈金写过一本《确定性的终结》[2]。确定性的确是认知的一个大题目，很多哲学家有过专门讨论，你们可以去读读杜威的《确定性的寻求》[3]、维特根斯坦的《论确定性》[4]。但不管怎么说，跟数学认知比，感觉似乎不那么确定，在认知王国享受不到崇高的地位。

其实，在我看来，理知比感知更加确定，是因为各个片段的理知是互相联系的，并不是这一点理知比那一点感知更确定，单说我在怀疑并不比单说我感到痒痒更确定，而是理知作为一

---

[1] M. 克莱因，《数学：确定性的丧失》，李宏魁译，湖南科学技术出版社，1997。——编者注
[2] 伊利亚·普里戈金，《确定性的终结：时间、混沌与新自然法则》，湛敏译，上海科技教育出版社，2018。——编者注
[3] 约翰·杜威，《确定性的寻求：关于知行关系的研究》，傅统先译，华东师范大学出版社，2019。——编者注
[4] 维特根斯坦，《论确实性》，G.E.M. 安斯康、G.H. 冯·赖特编，张金言译，广西师范大学出版社，2002。——编者注

个系统更确定、更稳靠，就像你搭建一个木棚子，刚开始摇摇晃晃的，等你搭好了，竖的横的互相都连上了，棚子就结实了。我在怀疑跟其他理知连着，我感到痒痒不跟其他感觉连着，它跟反应连着。这一点我们待会儿还会再说几句。理知不容易错，说的是，理知作为一个体系，不那么容易错。

## 公共性

　　理知高于感知，另一个论据是，理知具有公共性。近代哲学注重理知跟确定性的联系，相比之下，古人似乎更注重的是理知与公共性的联系。赫拉克利特说，在梦里头，每个人都有自己的世界，醒来的时候，我们的世界是共同世界。赫拉克利特说的是梦，我们是在说感觉，不过，那些推崇理知的哲学家的确把感觉看作一场梦。赫拉克利特的箴言差不多都可以从多种角度理解，我现在要说的是，共同世界就是 logos 的世界，logos、理知，和公共性相连。logos 是共同的，我们把感知投射到语言的平面上，这个平面是我们共有的，语言是你我共有的。我们把汉语、英语当成某种稳定的东西，这当然有相当的道理，你我用汉语聊天，很少因为对一个语词的理解不同争执起来；当然，这种稳定颇为相对，汉语始终在变，同时代各地的说法甚至各个团伙的说法也不尽一致，就此而言，语言是由纷杂并不断流变的言说组成的整体，甚至有论者把语言的稳定性说成虚构。[1] 只说语言是个公共平面会误导，但在这里，这一点可以略过。一般说来，理知是公共的。一道题，郁振华知道答案，刘晓丽也知道答案，他们俩知道的肯定是同一个答案。你不能说，他们两个都知道答案，但他们的答案不一样。知道、知识，这些都瞄着公共性。

但你不知道你的梦吗？在一种意义上，你当然知道，你记得那个梦。感觉当然也是一种知，你痒痒你就知道你痒痒。但这个知是如鱼饮水冷暖自知的那种知，是你自己的事，跟公共性没关系。感觉好像总是私人的，说到感觉，人们就说私有感觉。其实，感觉也有公共性。音乐就是一个很好的例子。从前，音乐是一种公共活动，用来教化，用来鼓舞士气。实际上，在古代，不只是古代，甚至一百年前，音乐很少连在个人感觉上，也很少成为个人享受——除非你是个王子，养一个乐队为你演奏。有随身听之前，很少有一个人在那儿听音乐的。现在呢，音乐首先跟个人感受连在一起。

感知也有公共性，只不过，这种公共性不能完全脱离感知者，所以达不到完全的普遍性。而人们对理知的设想是它最后能达到完全的普遍性，我们前面已经提示了，这就要求理知完全脱离感知。

---

[1] "'一套普通而标准的习用语'这一概念只是统计上的虚构。"出自：乔治·斯坦纳，《巴别塔之后：语言与翻译面面观》，孟醒译，浙江大学出版社，2020，第50页。

## 感本身就是知

我们是在说感知和理知,但现在说着说着,好像成了在说感和知,感好像是没有知的,就像把感知这个词里的"知"切掉,只剩"感",只剩感觉。人们讲到知,通常都是在讲理知,不是在讲感知。

感当然也是知,感到痒痒就知道自己痒痒。海德格尔就打抱不平说,感觉也是一种知,情绪也是一种知。他为什么要这么讲?他是针对西方传统——我不是说东方没这个传统——区分知、情、意,把认识和情感、情绪分割开来。比如说我现在很悲伤,悲伤是不是一种知呢?在两个意义上它是知。在第一个意义上,我悲伤,我知道我悲伤。在第二个意义上,情绪有一种认识功能,我悲伤,我带着悲伤看待世界,我笼罩在悲伤里认识世界。所以说,情绪也是一种知。

不仅感是一种知,我进一步还要问:无感还叫知吗?我们前面区分有感之知和无感之知,但无感之知或者无感的推理这些说法很可质疑,比大脑知道、大脑推理更可疑,但时间关系,我们把这个放过不论。

讲情绪也是一种知、感也是一种知,不是不能讲,但我们不要会错了意,一味强调情绪也是一种知,强调到了好像情绪是为了知存在,感知是为了理知存在。要像我刚才那样把感知这个词强行拆成两个字,一边是感,一边是知,那么,我要说,感并不一味要往知发展,感有它独立的意义。感有它知的一面,向理知发展的一面，也有它不向理知发展的那一面，就是单纯的感。这个感，不连到更确定的认知，不连到公共知识那里。那它连到哪里？它连到反应，连到感受。

## 预感与反应

如果是从知识发展对感知感兴趣，感知比理知低一头。但确定性、公共性不是我们唯一的追求。前面讲到过，感觉有一种用法——预感：感觉要下雨了，我感觉不妙，感觉到危险，我有一种不祥的感觉，等等，这是感觉的一个大宗用法；感知有一个指向，这个指向并不是指向知识，而是指向反应、行动。这个指向对感知是很根本的，认识论说到感知，侧重于感知要向理知发展，但感知并不一味指向理知，通常，它指向反应、行动。我讲到狐狸看见兔子的脚印，它不停在知上，它接着就去追赶兔子。

你感觉到了，然后就反应，当然，你还是可能感觉错了，反应错了。你觉得被烫了一下，立刻把手缩回来，结果发现那东西根本不烫，反而是冰凉的，你弄错了。但这时候，当务之急不是确定性，是手别被烫伤了。前面说过，触觉有一种切身性，切身性更多跟反应相连。跟感知相比，理知和反应的联系显而易见离得比较远，所以我们要提倡知行合一。有时候根本连不上，例如你知道天鹅座射电源的好多事情。

认识论主流上从认知的角度来看待感觉，认知的最终目标是终极确定性,好像感知是向这个终极目标发展的初级阶段。到了确定性,知就停下来了。你获得了确定的知识,然后干吗呢?确定的知不再有方向,它就是 the end of it。在《会饮篇》里,我们最后上升到了 eidos。然后呢?没有然后了,到了。我们中国也讲这个,至理,到了至理,到了至境,那就是你要停留的地方。我们达到了确定的知,这就是我们的最终目标。

我们为什么一定要把终极的东西视作更高的东西呢,也许过程才是最重要的呢?感觉本来并不是为理知服务的。的确,在理知时代,他理知能力强,会读书、考试,考上状元,他就荣华富贵,你的感受能力强,这不值什么。人的感知能力、感受能力差别也很大,可能比理知能力的差别更悬殊。这也分哪个方面,有人对图形的感知力强,有人对声音的感知力强,有人对周边人的情绪感知力强。但感知力没有得到应有的重视,好像感觉能力强不强都只是为了达到确定的认知。就说确定性,我们并不只关心理知认知的那种确定性,我们生活在一个世界之中,这是我们感知到的,不是推论出来的。童年时候,情绪饱满的时候,周边的事物充实真切,人抑郁的时候,像我这样衰老了的时候,世界变得恍恍惚惚像个影子,失去了那种充实感。

## 感受

感知,理知,听起来挺对称的,然而,两者大有不同,理知只为知,感知并不只为知。实际上,在某种意义上,感知本身就是某种终极的东西，前面我们谈到过"纯粹感受"，就是说，感知甚至不连到反应、行动，感本身就是终点，是承受和享受。托尔斯泰在《战争与和平》里写到一个场面，俄国贵族家里摆酒宴，从德国请来的家庭教师不好好喝酒，一直在那儿记取关于红酒的各种知识。托尔斯泰仗着自己是大贵族，有点儿欺负那个德国知识人：我们喝红酒，主要是享受红酒，不是要增加关于红酒的知识。要说知，这个知也是如鱼饮水冷暖自知的那个知。贵族没有那么多的知识，可他们更知道怎么享受酒宴。读诗，看画，主要不在求知。我听音乐，不是要掌握很多音乐知识，我就是享受音乐。不说享受，说承受也一样，你承受痛苦，不是为了了解痛苦，除非你是小说家。享受酒宴，承受痛苦，the end of it。享受或承受，它是终极的东西，不往外发展了。

情绪也是这样，无论情绪是不是一种知，情绪首先是感受，我悲伤，我快乐，在某种意义上，终结在我们个人身上。这一点跟我们整个论题有关。传统哲学——我主要指的是西方哲学——如果对感知感兴趣，感兴趣的是它怎么发展成确定的知、公共的知，突出视觉跟这个也有关系，突出 exploration、探索、探究。感觉有它感受的一面，感受、经受，但传统哲学对个人的感觉、感受没多大兴趣。针对这个传统，不妨强调感知有感的一面，我感受了，这感受不一定说得出来，也不是人人都那么想要把个人感受表达出来。把个人感受当回事，还老想着表达出来，这是很晚近的现象。我们刚才说到音乐，从前是典型的公共活动，现在我们主要把音乐跟个人感受连在一起，这个转变是个典型的例子。

我"感到"就好了，that's it。但走到极端，会带来另外一些毛病。我们这个时代，也许过于看重个人感受了。卢梭是最早深刻感知现代性的一位哲学家，他说过，谁感受得最多，他的生活就最有意义。[1]这把古典观念倒过来了，从前，人们把纯粹理性当作目的地，现在，人们把纯粹感受当成终极目标。这个也很成问题。当然，感知世界亲，活在感知世界里，你感到亲切、自在，但感知世界小、狭窄，而理知可以带你到一个更广大的世界。在熟人社会里，你读书知道很多稀奇古怪的外邦的事情，对你的生活帮不上什么，到了一个大世界，从乡下家里到上海了，从上海到美国了，你通过理知知道的很多事情，比如知道美元怎么折算会帮到你。

---

[1] "生活得最有意义的人，并不是年岁活得最大的人，而是对生活最有感受的人。"出自：卢梭，《爱弥儿：论教育》，李平沤译，商务印书馆，2011，第17页。——编者注

# 第九章

# 系统理知

上一讲我们讲到，感知和理知的关系错综复杂，要说的话，感知、理知各有所长。讲到个人也是这样，有的人长于感知，有的人长于理知，大家都知道，这两类人也各有所长。可是在传统哲学里，人们不大讲感知，讲感知，也是讲它怎么发展成理知。总之，重视理知，轻视感知。从人类特有的本事看，重视理知是有道理的，人类有了语言，发展出理知，靠这多出来的一点点理知，所到之处，人类灭了地球上几乎所有的大型动物。人类的感知能力的确不比大多数的动物强，是理知带给人类以巨大的权能（power）。这还不算，如前面已经讲到的，理知可以走很远，可以发展成系统理知。前面讲理知，主要是把理知跟语言连在一起讲，但接下来，理知还要进一步发展，发展出系统理知。理知厉害，系统理知拥有更巨大的权能，待人类发展出系统理知，结果你们看到了，人类统治了地球。岂止统治地球，哪天人类一高兴，轻轻松松就可以灭了人类自己。不好意思，我讲偏了，但也不完全是瞎讲。反正，人类的权能都是来自理知的，特别是来自系统理知。

## 怎样推论出地体是圆的？

什么是系统理知？这个话题我在其他地方讲过，有时候称之为系统知识。我还是老样子，先不尝试去定义，先讲一件事，讲讲地体是圆的。前面讲到过，古希腊人已经认识到地体是一个圆球。这一认知，据说是毕达哥拉斯或毕达哥拉斯学派最先提出来的，他们根据什么达到这种认知，我们不清楚。在柏拉图的对话里面，我们知道苏格拉底知道地体是个圆球，柏拉图没说他是根据什么认识到的，但听口气，这显然已经是希腊知识人的一个常识。

地体是一个圆球这件事，希腊人是怎么知道的？这个是没有办法感知的，大地看上去好像是平的。至少希腊人没有办法感知，他们没造出宇宙飞船，他们只能通过道理知道，通过推论知道，墨子所谓"说"，是推论出来的。根据哪些事情推论出来的呢？我们之前提到过，希腊人看到船和桅杆，远去的时候落到海平线下，它不是慢慢变小消失了，桅杆还看得挺清楚的，不是一点点消失，而是直接没到海平线下面去了，就像掉下去了一样。于是希腊人就推论说，这个海面不是一个平面，它是一个曲面，如果是一个平面，船和桅杆就会越变越小，最后消失——你们现在想一想啊，你站在船头，眼前是一望无际的大海，大海直到远方一直是平的。四面八方，大海都是曲面，那么，你是不是就可以推论出地体是个圆球——当然不是百分百，但大概可以推论出。

这个推论不是很复杂，每本书里都会有介绍，真正的奇特之点是这个——这个现象，所有的航海人甚至所有生活在大平原上的人都看得到，都能感知，为什么希腊人由此推论出地体是个圆球，就我们所知，别的地方的人都没有从这个现象推论出地体是个圆球？为什么呢？这背后有好多可说的，例如，希腊人特别爱智啊什么的，但我现在要说的一点是，感性认知不会自动上升到理性认知。在这个上升背后，要有一个理知系统。这个系统是他们的几何学。别人推论不出什么，希腊人能推论出来，这在很大程度上是因为希腊人有一个几何学，他们习惯用几何来思考这个世界。我想说，只有希腊人看见桅杆落下去的时候，他们会往平面曲面那儿想，咱们看见落下去就落下去了，没去想平面啊曲面啊什么的，也没有想到地体是方的圆的。就像语义推论背后需要有一个语言系统，从一个事实看出一个道理也需要背后有一个或彰或隐的道理系统。你们听出我在重复语言那一讲的思路是吧，听出我是在重复我就不重复了。说一个理论上的结论对应于一种观察、一种现象没什么意思，观察不会自动上升到结论。

我在这里要说的没那么麻烦，只是一个比较简单的观念，就是你仅仅看到现象，不知道从现象能推出什么。我举过一个例子，这个例子是我少年时候读鲁迅读到的。孔子去拜望老子，老子张开嘴伸出舌头，问：你看到什么了？孔子老老实实回答：我看到舌头还在牙齿没了。老年人嘛。[1] 老子要说的道理是，软

---

1 参见：陈嘉映，《说理》，第 1 章第 10 节 "拈花一笑"，2020。——编者注

的还在硬的不在了,这是老子的哲学。这个道理你说它明显是挺明显的,但这得多有慧根的人才能看出来?我要是跑到街上冲人张开嘴,问他看见了啥,他大概啥也没看见,就算看见了有舌头没牙也推论不出什么。我们刚才说到,狐狸要吃兔子,所以能看见兔子的脚印。你得有想知道的事儿,然后满世界找证据,满世界观察现象,然后你从现象推论出点儿什么;如果你啥都不想知道,到处乱看,你看不到什么,更推论不出什么。

当然,这不是希腊人提出的唯一论证。亚里士多德就列举了好几个论证,除了形而上学论证是他自己的,其他论证听口气都不是他自己的,像是在引述前人的论证。我们这里只讲其中一个:在月食的时候,地球投在月亮上的影子不是一条直线,是一条弧线,这不也表明地球是圆的吗?这样的一个论证不消说,更是依赖于一个知识体系,这个系统就大了,宇宙图景、两球理论、地球太阳月亮的相互位置,谁绕着谁转,一大套理论。所以他看到月食才能推论出地体是一个圆球。所有民族都对月食感到很惊奇,很感兴趣,但没谁从这儿推论出地体是圆的。以我们的天文学知识来衡量,当然,他们的宇宙模型有点简陋,而且不见得正确,但想想那是在古代,那真够神奇的。

语言是一个理知系统——最初的理知系统,依靠语言,我们有了推理能力。语言的推理能力还是没有把我们带出我们的感性世界和经验世界,我们还是生活在经验世界里。但是,系统理知却可以把我们带出很远很远,带到经验远远伸达不到的所在。我们看不见地体是圆的,但我们知道。我们完全无法测量地球的直径是多少，但希腊人靠他们的几何学算出来了，跟现在科学算出来的差不多。他们还算出来地球到月球有多远。他们还去计算整个宇宙的大小，这个算得不太准，很大的一个数，对希腊人来说很大，但对我们来说太小，大概相当于地球到木星的距离。如果把木星天球化，那就是希腊人脑子里整个宇宙的大小。希腊人的天学，所有思想史、科学史的书都会谈，有一本《黑洞简史》[1]，你可以去读读前几章，写得格外清楚。这说的是几何天学。在数学上，他们确立了毕达哥拉斯定理，就是中国人称之为勾股定理的；他们证明了正方形的边和对角线不可公约，也就是我们说的 $\sqrt{2}$ 是无理数；证明了有无穷多个素数。这是从今天的科学眼光回顾希腊人取得的成就，希腊哲人依靠系统理知来思考人心人性，更是得其大端又入其精微，不待详述。总之，借助系统理知，对人类来说，可知世界得到了神奇的扩展。

## 系统理知——以几何学为例

我一直提醒相关论者，知和知识不一样，感知也是知，但我们说到知识，总是说多多少少成系统的知。本来，知其一点不及其余简直不能算知，更不能算知识。不过，也不像有些人

---

[1] 玛西亚·芭楚莎，《黑洞简史：从史瓦西奇点到引力波，霍金痴迷、爱因斯坦拒绝、牛顿错过的伟大发现》，杨泓、孙红贵译，湖南科学技术出版社，2016。——编者注

说的,你要为每一片知识提供理由,知连着知就是知识,互相支持,互相提供理由。感知就不是这样一个系统。当然,你可以说,感知也是个系统,视、听、触,也组成一个系统,但这跟一个知识系统不一样,与其说感知是个系统,不如说有机体是个系统,各种感知通过为有机体服务的功能形成一个系统。

我们讲系统知识,至少在近代以前,最系统的就是几何学,欧几里得系统有五条公理,从这五条公理出发去推论,把所有几何问题都解决了。这个你们都知道,我不多讲。我要讲的是,在这样一个系统里,一片知识跟另一片知识连着,道理跟道理连着,关于三角形的方方面面的知识连在一起,三角形的道理跟四边形、圆形的道理连在一起。你看不到测量,你看到的是从一个道理到另一个道理。讲语言的时候,我们说,你可以从他是你的舅舅推论出他是男的,你不用去看世界你就知道。几何学系统是另一阶层上的语言,你不用去量,不用再去摸,你依靠一套道理就知道这个三角形的面积比那个大多少。你小时候就学几何,你学到的就是这样一套东西,从道理到道理,不用再去看具体的事物,理知真正的权能就在这里。

你想象,2500年前,有那么一些人,他们会把所有你能见到的图形——平面图形和立体结构——放在同一个系统里面来研究,而且这个系统最后归结为五条公理,靠这五条公理,没有哪道几何题你解不出来。这个你从小就学会了,但是,你要想象,怎样奇特的心智才会做出这样一个系统来。除了希腊人之外,没谁发展出这么一个系统。直到今天我们还在学。想想我们的先秦时代，中国文化那么发达，中国人那么聪明，却始终就没往那儿想，这个系统一直到明朝才传到中国。这些我在别的地方讲过，[1]这里实在没时间多讲。

## 系统知识 vs 当用之知

希腊人的几何学是从埃及、巴比伦来的。埃及人的几何能力非常强，他们的几何是用来测量土地、用来盖金字塔的，但是他们不曾发展出几何学这样一个知识系统。这是希腊人智性最突出的地方——别人的实用知识，到他们那里变成了知识系统，这个特点，每一部思想史都会提到。

这个区别，我有时候把它叫作系统知识和当用之知。一般人获取知识，是因为知识有用，这些知识是按照他做的事情组织起来的。比如说一个登山爱好者，他得知道好多东西，天文、地理、地质、气候、服装、饮食，他知道这些是围绕登山这件事组织起来的，他啥都知道，但他不是天文学家，不是地质学家，不是营养学家。在他那里，不是一片知识跟另外一片知识勾着，而是汇集在登山这件事上。这就是我说的当用之知。读书也有当用之知和系统知识的区别，企业家读尼采、读黑格尔，有几个警句，合在他的经验里，他深有体会，但让他上课堂上去讲

---

1 参见：陈嘉映，《哲学·科学·常识》，第 1 章，中信出版集团，2018，第 69—73 页。——编者注

尼采、黑格尔，他讲不了，硬讲，讲得乱七八糟，跟当老师的不一样，老师可以讲得头头是道，虽然也未见得有多深的体会。

老百姓要的是当用之知，老百姓要过日子就得知道好多乱七八糟的小破事儿，但我们不把它叫作知识。"知识"这个词——你们可以停下来想一想——主要是指系统知识。你知道再多，如果你知道的事情不是一个系统，你就不是知识人。反过来，我们讲知识人，他知道的事情一般都比较少，你跟他出去旅行一次，你马上就了解到，知识分子的"知识"一点都不多，野营的时候怎么扎帐篷，到这家餐厅怎么点菜，他这也不知道，那也不知道，啥啥都不知道，但他是知识分子，那个 knowing everything 的 Jack，他不是知识分子。

系统知识跟生活常识、当用之知是两回事儿。有用的是当用之知，反过来，系统知识没啥用。英语有用，梵文好像没什么用，除非你教书。系统知识好像真是为真理而真理才发展起来的，因为它的确没用。看来，"知识无用论"还有点儿道理啊。可是，我会英语，你不说我有什么知识；我要是会契丹文或者梵文，会解读甲骨文、线形文字 B、埃及象形文字，那就了不得，大知识分子。的确，会说英语算什么知识？把一个孩子扔在费城街头，几个月，他就学到一口英语，他不用过脑子，靠感性经验就学会了。实际上，费城街头哪个孩子都比咱们英语说得好，当然不一定比得上刘擎、郁振华。但是，梵文不是，你要想学好梵文，你就要是个语言学家，懂语法道理，懂古代史，否则你学不会，你要懂好多好多道理你才能学会梵文。再举一个例子，你了解各种物价,肉多少钱,这家饭馆多便宜,可是没人叫你知识人。老百姓都知道,但知识分子不知道,他不知道现在的物价,他知道唐代的物价。现在的物价和唐代的物价,你知道的方式是不一样的。现在的物价,你老去买东西、老去吃饭、老去加油,你就知道了,你不需要专门学习,更不需要有一套理论。你想知道唐代的物价就不行,你得依靠系统理知,你得懂历史学,掌握史学方法,学会辨识史料,还得懂点儿社会学、经济学、金融学,最后你写成了论文,说唐代物价是多少。

对我们这些草民来说,需要的是当用之知。但知识的扩展,靠的却是系统理知。我们现在称作知识的,差不多都是通过系统理知获得的,仅仅靠蕴藏在语言里的那些道理远远不够。这在一开始就很明显,从毕达哥拉斯定理到无理数、无穷素数的证明,这些成就不是在街头逛逛就能够学到的,也不是通过语言能推论出来的,你使劲学汉语、学语文也没用。

## 理知时代

人有了语言就有了理知,但系统理知是后来发展出来的,2000多年前发展出来的。如果说理知跟语言相连,那么,系统理知是跟文字普及连着的,这个我不多讲,因为我写过。[1] 希腊

---

1 参见:陈嘉映,《哲学·科学·常识》,第1章,2018,第54—58页。——编者注

盛期，据考证有一半成年男人识字。希腊之外，咱们中国人，大概是识字率最高的，特别是在中古以后，你们也知道中国多推崇读书人。欧洲有贵族，贵族是社会上层，但他们多半不识字，在中国，特别是在武则天之后，不读书，你就到不了上层，第一代皇帝可能不读书，后面的皇帝都读很多书。

只有那么几个社会有了文字，也就是在这几个地方发展出了繁荣的系统理知，西亚、中国、希腊、印度，几个大文明——系统理知定义了我们后来叫作文明的东西。雅斯贝尔斯把文字初兴的那个时代叫作轴心时代，我们讲系统理知，我把轴心时代直到今天，或者今天以前，称为理知时代——系统理知繁荣的时代，系统理知占统治地位的时代。

这 2000 多年是被系统理知塑造的，掌握了系统理知的人成为社会精英。进入理知时代的国族，没有不推崇理知的。理知是领导的力量，你没有进入系统理知这个圈子，你在现实生活中就无足轻重——除了你造反的时候。这些人手无缚鸡之力，为什么社会给了他们很高的地位？像皇朝时代的士大夫，他们就是会背四书五经、会写文章，然后就当了丞相。将军在沙场上出生入死，回来还没他的官职高。你们可以从历史学、政治学、社会学来回答一下。有一条思路可以供你们参考。一向以来，统治集团都是靠暴力夺取统治的，但他们不能只靠暴力实施统治，除了权力在握的君王，还有一个上层阶级，最早那是巫觋集团，进入理性时代，理知人或者哲人在社会功能上取代了这个巫觋集团。在理知时代，理知人管我们的理知生活、精神生活。[1]

这是从社会-政治方面说,我们还可以从生产-经济的视角来谈,从这个角度也能看到系统理知的巨大权能。从我们一个个人的实际生活来说,当用之知当然至关重要,系统理知帮不上你啥,但系统理知不是对个人有用,而是对社会有用,你会做软件,出门上街啥都干不了,但是那些AI都是你琢磨出来的,那些AI无所不能,它会下围棋、会导航、会做饭、会做手术,它啥都会。人类掌控世界,靠的是系统理知。短视的政治家,看着知识人没用,不会种地,不会做工,他来治理国家,结果国家越来越落后,越来越贫穷。不过,我没有能力从这些角度谈很多,我们讲感知-理知,我还是从认知的角度多讲几句,从这个角度讲讲哲学家、哲人。

## 哲人

一开始被叫作哲学的东西,就是系统理知。拥有系统理知能力的人就是"哲人"。那时的哲人不是今天所说的哲学家,而是掌握系统知识的人,包括天学、几何学、力学等,例如,医生就是哲人,希波克拉底、欧几里得、阿基米德都是哲人。那

---

[1] 参见:余英时,《论天人之际——中国古代思想起源试探》,中华书局,2014。另见:"一个有意义的政治体,须由政治与文教携手才能造就和维护。"出自《哲人不王》,收录于:陈嘉映,《价值的理由》,上海文艺出版社,2021,第26页。——编者注

时候不分哲学和科学。科学革命之后,科学和哲学慢慢区分开了。这些我写过,就不在这里讲了。

动物有感知,唯有人有理知。因此,人比动物高出一等。孟子他们大概是从道德上讲的,这个比较可疑,但可以从理知上讲,只有人有理知,所以人比动物高。现在不这么说了,这么说是人类中心主义,但自古以来人们就是这么认为的。

普通人虽然有理知,但他们的理知混杂在感知里,比动物强一点儿,强得不多。他们主要还是生活在感性世界里,他们没有调动他们的理性,只有哲人调动他们的理性,发展出系统理知,只有哲人懂得欧几里得几何,懂得无理数,懂得天文地理,懂得人世间的尊卑秩序。知识,系统知识,掌握在哲人手里。其他人从感知来认识世界,哲人则从 logos 来认识世界。普通人受到感觉的局限,而且,感觉常常出错,所以,我们无法通过感觉认识真理,就像阿那克萨戈拉所说的那样。[1] 我提到过一个例子,正方形的边长和对角线不可公约,这是我们小学学的,我们觉得很简单,但是让我们想想它最初被发现的时候。据说是毕达哥拉斯发现的,据说他发现之后,这个学派的人们牵牛宰羊地做了一次大型的庆祝活动。你可以把这当作逸事来听,当然也不见得发生过,我引用这个例子是想说,在当时,人们通过理知发现这样一件事情,会在心理上引起巨大的震撼,因为这是人通过感知无法知道的事情,无论你怎么训练你的感性

---

1 参见:阿那克萨戈拉,《残篇 21》。

精神，不管怎么训练你的感官、感知，你永远不可能知道这个。就像奇迹一样，一种动物，跟动物差不多一样生活在经验和感性世界里的人，忽然上升到了一个不可见的、不可感知的世界，这个世界对他们成为可知的了，他们忽然能够形而上学了，这是理知的神奇之处，这是我们一直所说的知识的力量、理性的力量。对所有进入理知时代的民族和心灵，理知都是一场震动，这个震动对希腊人最为强烈。我们经常讲，哲学起于惊异，我们会对各种各样的事情感到惊异，那么，我理解，哲学这种惊异是一种智性上的惊异、震动——哇，居然有理知这回事，它让我们看到没有理知就永远无法看到的事情。

有了系统理知之后，爆发了第一次知识大爆炸，人类的心智和社会的面貌发生了翻天覆地的变化。我刚才更多讲的是希腊，因为希腊的系统理知是最突出、最典型的，而且，沿着希腊思想，后来又发展出科学革命，这是知识的第二次大爆炸，而我们这个当代世界，从现实生活到思想方式，都笼罩在科学革命大爆炸的后果之中。我个人是言必称希腊的，如果这在政治上不正确，诸位请多包涵，但讲系统理知，希腊的确是系统理知的典范，我们今天所讲的科学精神，主要是希腊的，这是一种很特殊的精神，不接续上希腊传统，就不会有完整的科学精神。

对于我们来说，系统理知不是一个问题，我们都有一大堆的系统知识，我们从小就学算术、学几何，然后学物理、学语法等。但是你们现在回想一下——我不知道你们家里都是什么出身——往回数两三代人，多数人没读过书，不识字也没上过学，他们对这个世界基本上就是感知或者经验，几乎没有系统知识。退得远一点，退到前文字时代，或者叫前轴心时代，退3000年吧，除了美索不达米亚和埃及认字的人稍微多几个，其他地方连文字都没有，几何学、天文学、历史，闻所未闻，而这些是我们现在习焉不察的知识。

哲人掌握系统理知，不再接受感觉的局限，所以能认识真理。就像人高于动物一样，哲人显然比普通人高出一等。你去读读诸子百家，读读希腊残篇，他们很自觉地把自己跟普通人区分开来。普通人有点儿理知，但系统理知属于哲人，哲人才真正超出感性世界，生活在理性真理的世界里。

巫觋集团拥有社会地位，因为他们是通神的，他们有这样的一种特殊身份，对照巫觋集团来说，理知人是不信神的，就是所谓世俗的。但是跟俗人比较起来，他们就像是一个精神的集团，超脱于功利、凡俗，跟真理连着而不是跟实用连在一起，他们也做实际的事情，帮助统治集团治理社会，但不是因为他们格外精通治理技巧，而是因为他们能够从道出发、从真理出发来治理。从根本上说，他们管的是精神部分。从为真理而真理这个方面说，西方哲人更突出一点儿，他们一开始就有点儿像科学家，独立追求真理，他们的首要任务是跟知识或真理发生关系，不一定要得君行道，更不一定要跟民众有什么联系。现在都在问，怎么把哲学讲得让民众能够听懂，这不是古代哲人面对的问题。古人的眼光是向上的，不像我们现在倒过来了。

理知往上连着，跟终极真理连着，不是跟下等民众连着。他们向上面的真理看，就像巫觋集团向上面的神明看。哲人是上智，理知是一种高尚的东西，达乎理知是一种上升。现在不一样了，咱们学哲学，但没有什么特殊的精神地位，咱们自己就是民众。

巫觋集团的自信心来自他们跟天界、跟神明的特殊联系，比照来说，理性人的自信心来自他们跟真理的联系。他们为真理而真理，这给了他们自信、价值和尊严。这种信心一直发展到"哲人王"这样的观念。今天还有人在讲哲人王，这个我拦不住，但是依我来看，太明显了，不说去思考，就是看也看出来了，哲人不适合当王。不过我们是在2000多年后的今天回顾，是在理知时代的结尾来回看，柏拉图他们生活在理知时代的开端处，系统理知刚刚出现就显示出了这么巨大的力量，我们刚才举了几个例子，就好像理知是无所不能的，如果今天还不能，明天就能，他们还看不到这种力量的边界，他们想象可以达到至理——终极真理。这个至理，不仅西方哲学家相信，中国哲人也有同样的想法。人掌握了系统理知，就能知道宇宙是怎么构造的，那为什么不能知道人类社会应当怎么治理呢？哲学家为什么不能成为哲人王呢？这么想，理知人当时那种巨大的信心并非不可思议。

**理知时代落幕**

当然，我们现在站在理知时代的末尾，我们的眼光已经大不相同。在我们看来,至少在我看来,理知并没有这样无限的权能,世上也没有所谓的至理。系统理知带着我们上穷碧落下黄泉,大到整个宇宙,小到夸克,尽收眼底。然而,理知走得越远,感知的切身性或丰富性就越稀薄,乃至最后完全失去感性内容,变成了纯粹理知、无感的理知,思考正在被图灵机取代。我们凭理知探入四维空间、十一维空间,这个空间我们感知不到,要是把感知跟意义连在一起说,我们若不再感知世界,世界就失去了意义。我们现在老问人生的意义上哪儿去了,这个困惑可能有一部分就来自我们不再感知这个世界了。意义的流失当然不是件好事,但也许这是大势所趋,理知还是会向更加工具化的方向发展,因为这样的理知增强了人类控制世界的能力,力量太强大了。

到了这里,理知时代就结束了。我所说的理知时代或者理性时代,是携带感知的理知,注重的是道理而不是数理。我讲到希腊人,他们的理知并不曾脱离感知,比如,我讲到柏拉图的理念,那被视作最理性的,但他的理念本身就是一个形象。希腊人所说的理性跟我们今天的工具理性大不一样。当理知脱离了感知,理性变成了赤裸裸的工具理性,理知时代就结束了。

关于感知和理知,我大概就讲到这里。一开始我们区分了感知和理知,讲了讲感知,侧重讲视觉和触觉。然后我们讲到了语言,语言使人类拥有理知能力,讲了语词与是或存在的关系——一开始我们从视觉来讲"是""是什么",后来发现,"是什么"依赖于语言，视觉通过语言跟理知连在一起。我们从感知讲到理知，然后从理知讲到系统理知，讲到理知时代、系统理知获得的成就，最后讲到理知时代的落幕。

现在，种种迹象表明，理知时代正在落幕，下一个时代是什么，我不知道，图像时代？微信时代？AI 时代？机器人时代？基因重组人时代？单就这点来讲，我们这些生活在理知时代最后的人，我们的感觉跟希腊人几乎是相反的，很多人可以说厌倦了理知，强烈地希望回到感性世界中去，重新感知这个世界，对这个世界重新产生感觉，而不是知道一大堆道理，认识更多、更远、更确切、更微小的事物。这些被概括成对理性的现代批判，一路追溯，批判所向自然会追溯到希腊源头，对希腊哲人如此推崇理知认识提出抗议。我觉得海德格尔本人就有点这种倾向，他对现代人的认知方式十分警惕，并且通过他广泛而深刻的认识把这种认知方式追溯到希腊源头。即使他这样做有相当的道理，我仍然相信，我们不应该用这样一种方式来处理希腊人对理知认识的热爱和信赖。

在年龄上，你们跟我只差个五六十年，但我常常觉得我们好像隔开一个巨大的时代——我属于已经逝去的理知时代，你们属于后理知时代。现在，书籍被短信和图片代替了，看不到几个真正的读书人了。你们被抛入一个新的大时代，生活在一个新的大趋势里，当然也可能，你们这一代，更下面的一代、两代，哪一代人忽然起来反叛这个大趋势，对抗纯粹工具化的理知，重新呼唤富有感知的理知。

这不是我们这个课程的话题，这个课程讲感知、理知、自我认知，主要做概念辨析，但我愿意相信这些奇奇怪怪的辨析其实跟整个思想史，或者狂妄点，跟我们每个人的生活都有联系，甚至跟整个时代、跟人类经历过来的一个个时代都有联系。

## 问答环节

问：您说到无感的推理，我比较好奇，我觉得"推理"这个词一定是带我的，再具体地说，"我"跟大脑的关系是什么？

答：平常说起来，当然是"我们"在推理，而我们是有感知的。聊到这里，我多说一句，希腊人是用几何来做数学的，不是用代数来做，这个跟希腊人的感性就有关系，因为几何是有形象的，代数没有形象。是我们在推理，但我们依据某种形式关系进行推理，这些形式关系可以独立出来，到了纯形式的这个层面上，就跟你我没关系了，只有系统本身。这就是图灵机，图灵机不用感觉，在这个意义上，计算机可以推论。

"我"跟大脑的关系，这是一个好的问题，但我不知道三言两语说一说有没有意思。你可以写个小论文，谈谈"我"和我的大脑是什么关系，然后咱们来讨论你的论文。人肯定不只是他的大脑，他是个什么人，跟他的手、脸都有关系，当然，我承认，他是个什么人，也许跟他有个什么样的大脑关系特别密切，比跟他的手、脸关系更密切。你们都知道现在有一些科学幻想，你换了脸还是你，你换了大脑就不是你了。不过，如果是讲"自我"，那还不能只讲身体，"我"要在我和你的关系中才能建立一个自我，当然，要在一个社会里，才有我和你的关系。这么说来，"自我"首先是一个社会性的概念，你可以去读查尔斯·泰勒（Charles Taylor）的《自我的根源》，泰勒谈自我，根本跟大脑没什么关系。你可以试着写写，一边是社会的自我，另外一边是大脑的自我，这是两个自我还是一个自我还是什么？诸如此类。

问：老师，您谈到系统理知，我觉得很有启发，您前面说过，逻各斯的世界是共同世界，所以我觉得，到了理知阶段，社会方面也是有真理的，那就是我们中国人所说的天理。

答：依照我们这个课程的讲法，我们先有感知，后有理知，我们有什么样的理知，曲曲折折依赖于我们有什么样的感知。但大家知道，还有另外一种立场，虽然从经验上说，我们是从感知发展出理知，但其实，道理早就在那儿了，或者叫作天理，或者叫作先验原理，就像吸引子那样，吸引我们的感知向特定的方向发展理知。比如数学，我们不能说，中国人有一套不同的世界经验，所以我们会有一种中国特色的数学。习惯上，这被称作理性主义，这样的标签也许误导多于引导，不过不妨在这里提一下。在我看来，吸引子是有的，天理是有的，但那不是可以用教科书列出来的，第一条天理，第二条天理。物理学的天理很简单，简简单单就是世界，世界就是那个样子的。人的天理就比较复杂，因为人不仅是那个样子，他还想成为某个样子，换句话说，人的所是里包含着人的应当。说天理，主要是说这个应当。可是在我看，天理也离不开感知。传统上，好像理知是感知的指归，感觉纷纷杂杂，到了理知那里就归于一统了，这个我不大接受。要说起来，人同此感比心同此理还更加明显。在大多数情况下，人同此感，不一定同此理。那么，怎么到了数学那里，中国人跟外国人的数学差不多呢？这得绕两个弯才能说清楚，我绕不过来，我只能说，不能把数学之理跟天理混为一谈。

问：您谈到，从感知会发展出经验，从经验才能到数字理性，大概是这样一个过程。AI 的逻辑可能是相反的，它从数字理性开始，反过来模仿感知经验。我们以后再看这些高科技新闻的时候，就会想到 AI 并没有感知，而是对感知进行拙劣的模仿。

答：如果是这样挺好的，科技发展的确日新月异，但我是希望读书人不要跟着媒体咋呼，多去思考一下真实的发展，对社会、对思想的真实影响。我没有提出系统的想法，但是你再去读 AI 能不能产生意识之类的讨论的时候，你多了一个思想资源，去考虑他们说得对不对。

问：技术发展好像是一种必然的趋势，但带来的后果很严重，我希望听听您的看法。

答：科学和技术相结合，如我们大家看到的，拥有了巨大的生产能力，人类尝到了这个甜头，恐怕很难再改弦更张。但像你说的，这也带来了巨大的威胁，会不会有一天，人类更强烈的愿望是摆脱科学-技术的控制，逆转技术不断发展的大趋势——这将是一个根本的改变。我倒是不太相信历史必然性，但眼下我看不出有这种苗头。现在，民族利益，政治利益、经济利益，各种最强大的势力，都跟科学技术绑在一起。人们现在能做的，是利用技术的好处，同时尽量减轻技术的有害方面，技术加快发展的大趋势没有变。

问：陈老师，我想问的是，科学技术会不会改变人性？

答：我前天参加了一个网上的会议，其中一个报告人是一个脑机接口公司的老板。我说的这些都是在复述他，我没有查证。全世界有三家脑机接口公司，一家是马斯克的公司，剩下两家都很低调，他的和另外一家脑机接口公司。那一家是做永生的，就是说，它是做意识转移的，就是把你的意识复制下来转移到另外一个脑，如果复制成功就意味着永生了。他的公司呢，现在已经可以成功地把一个小白鼠的记忆转移到另一个小白鼠的脑子里。他们用脑电波信号来干两件事，一个叫造人，一个叫造超人。造人是什么意思呢？我举个例子，比如说我没有手，手断掉了，没有了，他们给你装一个假手，这个假手跟以前的假手不一样，这个假手就跟真手一样，我现在要去拿杯子，我就去拿杯子了，就是意念制动着我的手，一套设备侦测出我有拿杯子这个念头，它就指挥我的手去拿这个杯子。到了什么程度呢？到了可以弹钢琴，弹钢琴又到了什么程度呢？如果这个技术发展好了，就会像 AlphaGo 一样，没有人能弹过它，因为它手指的运动速度是人的 5 倍，它可以处理远比人手可以处理的复杂的琴谱。另外，它还可以治愈自闭症，现在已经治愈了 1 例。这例在杭州，虽然只有 1 例，已经是一个破天荒的、轰动的事情。它的方式是这样的，它监测你的脑信号。自闭症的孩子对事物不产生情感反应，其实他有情感反应，只是非常微弱而且转瞬即逝，所以我们普通人认为他没有情感反应。但他们这套监控系统能够发现这些微弱的、短暂的反应，侦测到这个，给他反馈，慢慢引导他的情感反应越来越强。这是造人，造超人就不用说了。我有了这个技术，我就无所不能。你想更聪明吗？来吧。你想记住更多的事吗？来吧。你想懂 80 种语言吗？来吧。就像治疗自闭症，它就可以用来治疗孩子不专注，一个孩子在它监控条件下 1 小时的学习效率是普通孩子的 5 倍。在这个意义上，它就是一个脑科学，不太管你身上的别的东西，对人就是一个脑，有了这个脑就有了你。

第十章

# 认知世界与认知自我

## "认识你自己"

上一讲,我们讲到理知时代的落幕,接下来我们讲讲自我认知。大家知道,自我认知从来都是一个很重要的话题,而在我们这个时代,这个话题尤其突出。不说别的吧,从前的人没有那么强的自我意识,不像现在,人人都有个自我,而且,不再有一个统一的理性纲领指导各个阶层的人按什么方式来生活,在技术化、数字化的大形势下,实际上生活的意义本身变得越来越晦暗,这个时候,我们格外需要坚持个体生活的意义,这就更加需要对自己有个更清楚的认识。[1]

我们前面讲的认知,不分认识世界还是认识自己,也不妨说,仿佛主要是在讲认识世界。除了认识世界,我们还要认识自己。"吾日三省吾身",说的就是自我认知。老子不是儒家,也说"自知者明"。实际上,读哲学的都知道,不读哲学的可能也听说过,

---

[1] 可参见:B. 威廉斯,《伦理学与哲学的限度》,"补论"部分,陈嘉映译,商务印书馆,2017,第236—242页。——编者注

哲学最根本的目标或最根本的任务就是认识你自己。"认识你自己"是德尔菲神谕所门口的箴言，了得，苏格拉底后来把这句箴言当作座右铭，哲学史家说，希腊哲学一开始围绕着认识自然——自然哲学，到苏格拉底转了个大方向，转向人本身——伦理学。

要谈自我认知，就得谈谈自我。从语词上看，自我是自我认知的一部分，但我们说过，语词上越小的单位，内涵越宽，换句话说，自我这个题目比自我认知更宽，我们实在来不及谈这么大的题目。好在，谈自我认知，也就多多少少会澄清自我这个概念。

认识世界和认识自己，我举个例子——这个例子有点儿不正经啊，我怕太正经大家要打瞌睡。我去抢银行，踩点没踩好，带着枪冲进去了，结果是个理发店。这是我认识世界弄错了，我认识世界的水平不够。当然，也许我认识世界认识对了，我正确地冲到银行里了，然后我掏枪，结果一掏枪，我自己先吓得哆哆嗦嗦，瘫在地上了。这就是我对自己的认识不太对了，以为看了两个警匪片自己也成江洋大盗了。不是的，你把自己认识错了。

从这个例子看，好像认识世界和认识自己是平行的，这边认识世界，那边认识自己，但是，既然德尔菲箴言说的是"认识你自己"，我们难免会想，认识自己比认识世界更重要、更高明。老子说"知人者智，自知者明"，大概也是这个意思，认识世界、认识他人只能叫聪明，认识自己的人才叫明慧、明达。不仅有不少哲学家这么说，有时候我们自己还真会感觉到，认识世界容易点，认识自己更重要也更困难一点。常有人提到，人类认识已经到达了百亿光年之外的宇宙边缘，深入到了夸克这样物质的最细微结构，可是对我们的大脑是怎样工作的、对面的人心里在想什么，我们仍然知道得很少，我们甚至不知道自己到底爱什么、要怎样生活。

听力好的同学也许觉察到了，我在这里讲得有点儿乱，苏格拉底和老子讲的，是认识我自己，我这个个人自己，可是讲着讲着，讲到了人类大脑，变成了认识人类自己。认识我自己到底是认识我自己还是认识我们自己？这的确是个问题，我后面会多多少少对此做一点儿辨析。总之，认识世界和认识自己不在同一个层次上，科学家是认识世界的，咱们哲学家比他们更高明，咱们是认识自己的。

但另一方面，认识自己跟认识世界好像也没有那么不同。我看我的老朋友，一个个头发花白了，看我自己，头发也花白了，这有什么不同吗？有点儿不同，我可以直接看到老朋友的头发，却只能在镜子里看到自己的头发。我们说过，在镜子里看到自己的眼睛，跟你眼睛平常是什么样子，不一定一样，不过，说到头发，应该没啥区别。而且，你可以不照镜子，你可以剪下一把头发摊在手心上慢慢看。嗯，这跟看到头发长在头顶上的感觉不一样——我在镜子里看到自己的白发三千丈，会生出一种格外的感慨，但我们现在先不管这个。我们来看看更根本的东西：大家还记得什么叫正确的认识吧？正确的认识就是认识到事物客观所是的那个样子。这对自我认识也是有效的。我身高一米七六,我说我一米八,就是错误的认识。这跟认识一条水沟的宽度也没什么区别,沟宽两米,我说它宽两米,就是正确的认识,我说它宽一米半,就是错误的认识。

自我认识就是照原样认识自己,这话肯定是对的,而且,在自我认识上尤其突出,因为,我们都知道,我们特别容易自欺。我本来长得挺丑,可我自己觉得长得还不赖。我要想知道自己真正长什么样,就需要用高保真或高像素的方式照一张照片或者对着镜子仔仔细细地看,这才能按照我原来是什么样来认识自己。

## 你的认识是你的一部分

给自己量身高的确跟给别人量身高没什么区别,不过,自我认识可不都像给自己量身高这种事情。自我认识可以看作反身动词,本来,一个及物动词的宾语多半是我之外的一个对象,现在我们把这个对象换成了我自己。本来,我想拿石头砸别人,没想到搬起石头砸了自己的脚,这里好像没什么特别难解的东西;我踩到了一只猫,但也有可能踩到我自己;我激励我的学生,但有时候我也需要激励我自己。不过,反身动词有时候有点儿诡异,比如我们有时会说,寻找自我,找到自我;我找手机,找车钥匙,这很容易理解,本来车钥匙放在桌子上,现在它不在那儿了,可是自我呢?自我总是在我这儿啊。我们受过高等教育的，寻找自我、发现自我这类话听起来蛮顺的，但停下了一琢磨，里头有点儿诡异的东西。

所以，我们还得更仔细看看认识自我和认识世界有什么不同。哪里不一样？我们从海德格尔的一句话说起吧，他说，对存在的理解、领会是此在的一部分。¹ 这么说吧，你怎么认识一个对象，这不是对象的一部分，你怎么认识却是你自己的一部分。你丈量一条水沟，沟宽两米，你量对量错，跟水沟多宽没关系，沟宽两米，完了。我身高一米七六，没完，我还有对自己身高的认识，也许我认为自己一米八，我身高一米七六，这是我的一部分，我认为我身高一米八，这也是我的一部分。我的认识总出错，我不能说，我是我，错是错；这不对，出错是我的一部分，愚蠢是我的一部分。一个人总是认识错误，那跟一个总是正确认识的人很不一样。这个应该不难理解吧？简单说，我对沟的认识是我的一部分，不是沟的一部分。

不过，我们这么理解海德格尔的这句话，这话也稀松平常。我引用海德格尔这句话，是因为在我看来，它是《存在与时间》的核心命题，是我们理解海德格尔的一条主线。其中的内涵，我们要一点儿一点儿展开。我们现在这种理解，只是开了个头，理解得不怎么到位，因为这仍然没有区分出认知世界和认知自我——你怎么看待自己，当然是你的一部分，但你怎么看待世界，

---

1 "此在在它的存在中总以某种方式、某种明确性对自身有所领会……对存在的领会本身就是此在的存在的规定。"出自：海德格尔，《存在与时间》（中文修订第2版），陈嘉映、王庆节译，商务印书馆，2016，第18页。

也是你的一部分。这里区分出来的是有认知的存在者和没有认知的存在者，你无非是说，水沟只有一个部分，你却有两个部分，一个部分是你的现实，一个部分是你的认识，你是你的现实加上你对现实的认识。

**不能单从视觉来思考自我认知**

我们刚才举的那些例子，量身高，看头发，都不是自我认知的好例子。我看自己的头发，跟看别人的头发，没什么区别，都是在看一个客体。所以，我看到我的头发花白了，其实算不上一种自我认识，我看别人的头发也是这样看法。不能一说到我的头发，似乎那就是自我认识，这里，我的你的，都是从外面加到头发上的。我们说自我认知是你的所是的一部分，要比这个内在，至少像这样——两个人，智商相同，但一个认为自己有点儿笨，另一个认为自己比谁都聪明，那这两个人的聪明程度就不一样。但这还是不够内在，真正说到自我认识，不是认识自己的这个方面那个方面，而是把自己作为一个整体来认识，认识整个自我。

可是这么一来，请注意，现在我们有了两个自我，一个是被认识的自我，一个是正在进行自我认识的自我。这两个自我，哪个是真正的自我呢？如果必须二择一，我选那个正在进行认识的自我。但这里要说的不是这个，而是，我们去认识的，总是那个被认识的自我，而不是那个正在进行认识的自我。我们似乎永远无法认识那个正在进行认识的自我。你会说，这好办，你可以把正在进行认识的自我也放到自己对面对之进行认识。这当然更麻烦，因为这时候不只有两个自我，变成三个自我了。自我认知变成了无穷倒退的认知。在现成的我之外，还有我对自己的认知，在我的实有外面，还套着我的认知，就像俄罗斯套娃一样。一层一层套上去，套到最后，吾心即是宇宙，返回来，自我这个娃娃越来越小，最后缩成一个看不见的小点点。

我们落到无穷倒退的俄罗斯套娃里头，是因为我们总是从视觉来思考认识，说到自我认识，人们最经常用的就是镜子的思路。认识自己也叫反省、反思，英文说起来就是 reflection，这个词也是个照镜子那种意象。自我认知，包括不去认识自我，通常都用看这个典型的隐喻或者 paradigm，看自己的内心，或者不敢看自己的内心，仿佛内心里有景观。你出去问问什么叫自我认知，100 个人里有 99 个是这么刻画自我认知的，把它刻画成俄罗斯套娃了。我没有夸大，你去翻翻书，听到的多半是这个，书里也都这么写。前天还是大前天，我向一位很有想法的 AI 专家请教，他就这样来刻画自我认识，他脑子很好用，我一追问，他立刻就想到了俄罗斯套娃，这话就是他教给我的。自我认知就像照镜子，自我意识也像照镜子。心理学家要给自我意识下个定义——意识发展到哪个阶段就可以叫作自我意识——他们就去做实验，看看哪种动物能够在镜子里认出自己。总体上，人们的思路集中在视觉上，我们一上来就说过，视觉是一种高度客体化的认知，无论看别人还是看自己，你都把他客体化了，认识自我就是把我放到我的对面去，当作我的对象、当作客体来看待他。这么一来，当然，自我认识就跟认识他人差不多了，一个是认识者，一个是被认识的对象，只不过，在自我认识这里，认识者是我，碰巧，被认识者也是我，出来了两个我。

我们讲到过，视觉认知的一个问题是，眼睛能看到世上的万物，唯独看不见眼睛自己。为了看到自己，你需要镜子，于是谈到自我认识，大家都想到镜子。然而，就像给自己量身高算不上真正的自我认识，照镜子也算不上。我们讲自我认识，主要不是讲认识我自己这张脸或者我穿这件衣服好看不好看，你是要认识你自己的性情、思想、品性，你在社会中的位置，你未来的可能性，你要认识的是这些东西。在认识这些东西的时候，镜子帮不上你特别大的忙。

**触觉进路**

实际上，我们在认识自己的时候，不一定都是通过"看"这种方式，我们还有很多方式来认识自己，不说别的，我们讲到过肢体位置觉。我知道我自己的肢体位置，全然不同于我知道你的手和腿的摆放位置，后一种，我用眼睛看，前一种，我不看，我直接知道。认识他人和认识他物，你要动用"看"，或者跟"看"相关的认知方式，比如说观察、实验等；认识你自己的肢体位置，你就不需要通过看，实际上你也不会去看，你有一种内在的感觉。说起自我认知不同于对象认知，可以从这里开始想。

不过,我们讲到过,触觉包括太多的花样,肢体位置觉算不算触觉都是个问题。我们说到触觉,最典型的是像摸一块石头这种。我用手去摸一块石头,一面在摸那是不是一块石头,一面也对自己的手有感觉,我用手来感觉刀刃够不够锋利,靠的就是手上的感觉。或者就像波兰尼说的那样,我用螺丝刀拧螺丝,这时候认知的主题是螺丝,但同时,我也在感觉自己的手,即使不看,我也感觉得到螺丝是拧进去了还是在那儿空转。你想象在一个很黑的地方拧螺丝,或者在橱柜底下你视线看不见的地方拧螺丝,那你就靠手感,也感知得到螺丝在往里拧还是在原地打转。你通过你的手感把它做成主题。如果你自己手上没感觉,你就没有办法把螺丝做成你的主题。我说讨论自我认知,最好不要一上来就采用视觉进路,而是采用触觉进路,大概就是这个意思。触觉更切实一点儿。认识自己不像是拿眼睛在测绘,更像拿手在触摸。自我认知从来不是一种对象性的认识。所谓自我认知,并不是说,世界里有一个东西,叫作自我,我现在来认识这个东西。我本来就混同在这个世界之中,我们通常就在认识世界的同时认识自我。

## 认识人在世界中的位置

苏格拉底讲认识你自己,可是我们去读读柏拉图的对话,几十篇对话,大一半是苏格拉底在说话,读来读去,你没读到苏格拉底谈论自己，几十篇读下来，我们对苏格拉底的生平还是一无所知，或者几乎一无所知。实际上，对希腊人来说，一个人老坐在那儿认识自己，在那儿照镜子，是一件很古怪的事儿，甚至可以说是一件挺可耻的事儿——除非你长得像纳喀索斯那么俊美。我们不能直接用我们的现代眼光来解读德尔菲箴言，他们不会把自我当成一个孤立的原子那样来认识。认识自己和认识世界是分不开的，所谓自我认识，就像大家常说的：认识人在世界中的位置，认识你在人之中的位置。不妨说，自我认识跟认识这个世界、认识他人总是混在一起的。所谓苏格拉底转向，可以这么理解：前苏格拉底那种自然论，是跟我无关的自然，现在我要探究的是作为人的生存环境的自然，不是把自然当作跟我无关的东西来认识。这是两种认识世界的方式。当然，说这里有个转向，这是后人的说法，有没有这样一个转向，你们可以当作哲学史课题来研究，但一般说起来，希腊人不会把自然完全当作跟我无关的东西，他们没有现在自然科学所说的那种自然的观念。[1] 总的来说，希腊人的自然是有神性的，有神性就不可能完全跟人没有关系。不过这不是我眼下的话题，我要说的只是：我们是在认识世界的同时认识自己，我们在认识世界的同时，也连带在认识自己，就像你在摸刀刃是否锋利的时候你也在感知自己的手。在《逻辑哲学论》里，维特根斯

---

[1] "希腊自然科学是建立在自然界渗透或充满着心智这个原理之上的。"罗宾·柯林伍德，《自然的观念》，吴国盛、柯映红译，华夏出版社，1999，第4页。

坦主张自我不在世界之中，这跟另一点连着，在那里，认识总是跟视觉连着，在你的视野里没有自我，自我是眼睛，眼睛看不见自己。[1] 这肯定是成问题的，我翻阅杂志，读到刚刚出版的一期《哲学分析》，有一篇周靖采访多伦多大学教授谢丽尔·米萨克（Cheryl Misak）的访谈，其中提到，拉姆齐曾批评《逻辑哲学论》里"主体不在世界之中"这个想法，说这个思想是灾难性的，那里的说法是说，命题是关于世界的图画，这跟哪个"我"拥有这幅图画无关。米萨克认为，这一批评对维特根斯坦后来的思想转变起到很大作用。[2]

自我认识，我们一开始的意象是在镜子中看自己，我建议你们更多从触觉意象来思考自我认识，不是把自我当作孤零零的对象来认识，而是去认识世界，在认识世界的过程中认识自我。

## 自我认知作为主题

我们认识世界，在认识世界的同时也在认识自我，也在非主题地进行自我认知。那么，自我认知能不能成为一个主题，今天我不干别的，就是认识我自己？当然能，今天我们的主题是自我认知，已经是把自我作为专题来讨论。坊间有不少书的

---

[1] "世界上哪里见得到一个形而上主体？你说，这里的情形就像眼睛和视域。但你实际上看不见眼睛。而且在视域里没有任何东西可以推出它是被一只眼睛看到的。"出自：《逻辑哲学论》，5.633。
[2] 参见：《皮尔士和剑桥实用主义及其他问题》，《哲学分析》，2021年第2期，第176—184页。

书名就是自我认知这一类的,前面提到过,查尔斯·泰勒有一本《自我的根源》,值得去读。我自己也以"谈谈自我"之类为题做过几次讲座。

可是,说到专题认识,人们尤其依赖于视觉思路,看世界、看他人,说成是第三人称视角,"看自己"叫作第一人称视角。但我想说,"第一人称视角"这个说法是不太成立的,从观察者出发,视角总是第一人称的,从被观察的对象来说,视角总是第三人称视角。第一人称视角是个误导的说法,误导我们从视觉去看待自我认识。这个对子要说的,在我看,其实是体认和看的区别。我不是说,我们不能说"看自己",但我们得知道,这是个隐喻,要留心不被隐喻带到坑里。我们也有可能跳出来看自己,这时候还可以"转换视角",从不同角度看自己,但自我认知并不都是这种看,认知自己的肢体位置你就不需要通过看。

所以,不要一专题化,又把镜子比喻勾回来,好像要把自我放到你对面去认识,好像有一个被认识的自我,一个认知的自我。专题化的自我认知并不是尽量把自我客体化,而是对自我进行系统反思,例如,把现在的你和从前的你连在一起来反思。

在某种意义上,你可以想象这样一种自我分裂,比如在茨威格的小说《象棋的故事》[1]里,主人公在单身牢房里自己跟自己下棋,你在走红棋的时候尽量忘掉下黑棋的你,忘得越彻底越好。

---

[1] 斯蒂芬·茨威格,《象棋的故事》,张玉书译,上海译文出版社,2007。——编者注

不过这不是自我认知。自我认知的专题化也不靠把一个我分成两个我。我们说，拧螺丝的时候，螺丝是主题，但也可能拧不进去，你要专门关注一下你手上的感觉，"哎呀，我的手太滑了"，或怎么样。有点儿像你看不清楚，于是反过来注意一下是不是自己的眼睛太疲劳了，花眼了。不同之处在于，看得顺利的时候，你从来不感觉自己的眼睛；拧螺丝的时候，你一直在感觉你自己的手。

我们可以专题认识自我，但这并不意味着我们可以把自我当成一个跟我无关的对象来认识。从另一个方面说过来，并没有一个脱离了世界的先验自我什么的，自我总是现实世界中的自我，所以，你也只有在与世界打交道之际才能认识自我，你无法把自我从世界割开来认识它。你现在不去注意刀刃，你专门来注意手上的感觉，但你并没有一种脱离了刀刃是否锋利的感觉。你不能说手上什么都不做，单把手做成认知主题，那就又变成认知一个客体了。我们认知自我，这并不意味着自我完全跑到你的对面去，完全成为一个被认知的对象。你只有就着你做的事情才能知道自己是什么样子的，只能连着你怎么跟某个人打交道来了解自己是个什么样的人。海德格尔讲此在，把此在规定为在世界之中的存在。虽然他自己有时候似乎忘了这一点。你不能说，跟世界打交道的是那个被认知的自我，打交道的明明就是你的整个自我，包括正在自我认知的自我。我马上讲几句"行为者憾恨"，这一点就更明显。总之，所谓把自我做成主题，跟一般把一个研究对象做成主题不一样，认知路径等都是不一样的。所以，不要总把自我认识想成是用眼睛去打量自我，你在摸索，一边在认识世界，一边在感知自我，这样构成的自我认知才是最真实、最实在的。

在自我认知的时候，你在一定意义上也的确分开成为两个人，但这指的是理知层面的认知，从你的感觉来说，你无法把两者分开。威廉斯在《道德运气》里有一个核心的段落，也是一个很有影响的段落，就是关于憾恨。[1] 他特别提出一个概念——行为者憾恨（agent-regret），大意是说，一个卡车司机正常行车，但撞上了一个路人，他当然会因此感到憾恨，当然，旁观者也会感到遗憾，但司机感到的憾恨不同于旁观者的遗憾。事过之后，旁观者可以对他说，那不是你的过错，你别为此太难过，司机也可以这样安慰自己，但若司机这样对自己说了以后，真不当回事儿了，这司机够不是东西的。一个人眼中的自己，他对自己做了什么的看法，跟旁观者的看法是很不同的认识。威廉斯讲得很精彩，你们自己去读，我就不复述了。

自我认知，有时候你要尽量做到客观，像一个法官那样来看待自己的所作所为。但这种客观化只可能是临时的、片段的，从根本上说，自我无法被分割——我这里不谈分裂人格——被认识的自我就是你自己的这个自我。用上面引用过的说法来说，你的自我认识是你的自我的一部分。我不可能把我从世界割裂

---

[1] 参见：B. 威廉斯，《道德运气》，陈嘉映译，《世界哲学》，2020 年第 1 期。——编者注

开来，像单独研究一个分子的结构那样。有一位哲学家这样说："人并不像捡起一块石头那样捡起'自己'这个东西，然后再把这个东西认作'自己'（'啊，这就是我！'）……没有人会在伤心时把自己的情绪触动误认为是另一个人的。"[1] 要把你的研究对象客体化，你就要去掉你对它的感知，把它当作纯粹理知的对象，对自我呢？去不掉感知，无法完全客体化，自爱也好，憾恨也好，这种感知始终把认知的自我和被认知的自我连在一起。就像你的肢体，你不看也知道那是你的肢体。

**自我认知天然正确？**

我总说肢体位置觉，说得太多了，有点儿误导，因为肢体位置觉谈不上出错——当然位置觉也有幻肢一类的错觉，这个不去说它——自我认知却可能出错，那么，我们用肢体位置觉来谈论自我认知似乎就不那么妥当，好像自我对我是透明的，用不着看、用不着想我就知道，只要我想知道就能知道。我们通常的确认为，别人的动机，别人爱什么、恨什么，人心隔肚皮，我们不容易知道，但我自己的动机，我自己爱什么、恨什么，我自己很清楚。袁世凯为什么会称帝？那么精明的一个人，做这么愚蠢的事儿，他的动机到底是什么？希特勒杀害犹太人，

---

[1] 参见：赫尔曼·施密茨，《无穷尽的对象：哲学的基本特征》，庞学铨、冯芳译，上海人民出版社，2020，第 186 页。

这是特别残酷巨大的历史事件,为什么?直到今天,历史学家也不是很明白,尤其是他在入侵俄国的时候又掀起了一波残害犹太人的高潮,在那个时候,残害犹太人,从政治上、军事上、经济上考虑,似乎都对纳粹德国没有什么明显的好处。那么历史学家就要去研究"到底他的动机是什么"。如果举身边的例子,你身边的人,比如你的室友突然对你甩脸子,或者反过来他突然对你特别热情,那你就会想到底怎么了。但是你自己的动机好像对你自己是透明的,你为什么生气了,为什么高兴了。我做一件什么事情,我不太会问我自己"我的动机是什么"。更广泛地说,我相信什么、我知道什么、我不知道什么、我爱什么、我恨什么,这些似乎我自己都知道,就像我知道自己的腿的位置或者手的位置一样。

　　但这远远不是整个故事。自我认知当然可能出错。否则,这里就不需要认知了。因为,其一,认知得有一个认知过程,从不认知到认知,或者从错误的认知到正确的认知,或者从较差的认知到较好的认知;其二,认知总是得有对错,才谈得上有认知。这跟第一点是同一件事情的两面吧。认知得有标准,分得出"正确认知"和"错误认知",如果我只要去认知,一定认知得对,就像当大领导的那样,像教皇那样,他的认知天然都对,自我认知如果是这样,这个题目就作废了,所谓自我认知就根本不是认知。自我认知当然是会出错的,就像触觉,凉凉的,你以为摸到一块石头,结果是一只死掉的癞蛤蟆。

　　我们经常弄不清自己知道什么、不知道什么。说个最浅的例子，你提起个人，问我认识吗，我说不认识，一见面，发现其实是我的老熟人。这种事情，像我这种老糊涂，经常发生。哪些是我知道的，哪些是我不知道的，这些，有时候我自己并不是那么清楚。但这个例子太浅了，没什么意思。我们还在好多层次上不知道自己爱什么、恨什么。我们的确有时会自问：我真的爱他吗？我到底爱的是谁，爱的是什么？我以为自己爱国，我跑到大街上去砸日本车，我这么做，也许当真是认为大家都不开日本车，日本就会变成一个穷国，中国就会变成一个富国，但我这么做也许不是因为这个，而是出于仇富心理，也许，我其实没啥动机，就是爱折腾、胡闹，发泄多余的力比多。

我爱什么，我知道些什么、相信些什么，我自己不见得很清楚。我觉得我深爱一个女孩，死劲追她，弄得她不胜其烦，最后被拒绝了，我泼了她一瓶子硫酸，她毁了容。我说，这都是爱惹的祸。那叫"爱"吗？爱不只是你自己的感觉，爱是有标准的。在我这样的老年人看起来，爱一个人，就想着这个人能因为我的爱受益，而不是因为我的爱受损。现在的小年轻爱国的特别多，真爱国，就要问问自己你的爱国对国有没有益处。这里有某种"客观"的东西，弄清楚你真正爱的是什么、信的是什么，你需要去认识世界、认识他人。

当然，你也可以说，这里说到爱不爱，主要不是哪个认识是对的、哪个认识是错的，自我认识的标准在很大程度上不是对和错，而是深和浅。你爱大房子可能也没有错，但这可能只是你的浅层爱好。对你们年轻人来说，了解你深层的爱是什么很重要，只有这种深层的爱会给你带来幸福。你以为你爱的是大房子,就怕你挣到大房子之后,你才明白你爱的不是大房子。你去看看,很多人真的弄错了,他挣了大钱,结果不是那么回事,生活得很郁闷。

要弄清楚"你爱什么"不是特别容易的事。自我认知会在各种层面上弄错,但最重要的,大概是在系统反思层面上弄错。"反思"这个词的一层意思是说,情况已经了解了,现在需要的是去思考它。山里有没有桃树,桃树开花了吗?这个,你不去看你就不知道。自我认知不是这种,自我认知,某种意义上,你所需要的事实已经都在那儿了,你现在需要的是重新看待这些事实。这我们已经谈到好几次了,你知道汉语语法吗?你平常说话不犯语法错误,你知道,但让你讲汉语语法,你一反思,你又不知道了。我们说自我认知也有对错,也有从不知到知,指的是这种变化。

从不知到知,这里可以分成两种。一种是,你不知道院子里的海棠花谢了没有,你掀开帘子看看才知道;另一种是通过反思知道。在日用的意义上你知道,但是让你说,让你系统化你就不知道了。所谓自我认知,主要指这个。你去体检,查出一样恶病,或者,你长大后发现你是过继到这个家里来的,这些当然有可能对你的自我认知产生重大影响,不过在我看,这些仍然是你对世界的认知反过来影响自我认知,单说自我认知,我觉得最好还是用在系统的自我反思上面。

要把日用的、默会的知转变为明确的、专题的知,并不容易。在这个转变和表达的过程中,你会受到各种各样观念的影响、各种各样理论的影响。在反思途中,你会经过各种各样的理论、流行的说法等。

这个反思并不只是闲事，你会用反思的结果来指导自己今后的活动。你以适当的方式反思，你就能用比较适当的方式投入今后的生活。

总之，自我认知可以在不同层面上出错，可以因为不同的原因出错。说到这里，我们已经触到了自我认知的更深一层的内容，不是一般的弄错，而是由于自我欺骗和自我屏蔽，结果我弄不清自己知道什么、不知道什么，弄不清自己的真实动机，弄不清自己的真爱，等等。

## 自欺

我们刚才说，别人做一件事情怀抱的是什么动机，有时候很不容易弄清楚，但我自己为什么做一件事情，对自己是透明的，就像肢体位置觉一样，我都知道。但我真的知道自己做每件事情的动机吗？肢体位置觉不用发展成理知，而说到动机，不只是一种感觉，动机跟理由等连在一起，里面总有理知的成分。你平常做事，考虑的是怎样把事情做成，不问自己的动机，因为动机好像是自明的，你考虑自己的动机，这已经是一种反思。从日用而不知到反思层面的知——大家都知道这一点——这中间隔着的最大的麻烦是自欺。在一个意义上，你有什么动机你知道，你爱什么、恨什么你都知道，在行动的意义上，你不知道就不是那样行动了。但你要把它上升为理知，上升为明确的知，它中间隔着一个自欺。

有一个县，开山采石，把山体弄得乱七八糟。诶，现在环保部门领导来视察了，县长下令把裸露的岩石都涂上绿油漆，看上去像是植被挺茂盛的样子。我们这些人会想，他是在欺骗中央，骗成了，上级觉得好，他升迁有望。可是县长自己不这么想，他认为自己的动机是保护县里的采石业，促进就业，提高人民的收入。这个例子笨笨的，你们或许能想出更有意思的例子。不管它了，有可能两个动机都有，动机经常挺复杂的，放到别人头上，倾向于多看一眼较坏的那部分，放在自己头上，一般人倾向于多看看比较高尚的东西。当然，他还可能把一个明明是自私的、卑劣的动机说成是挺高尚的，而且久而久之他自己也相信那是个高尚的动机。这件事情说起来大家都笑，因为你们年轻，年轻人本来就挺高尚的，用不着有这种自我欺骗，等到我这把年纪，基本上就剩下自欺了。世界上有那么多恶，却很少有人觉得自己十恶不赦，觉得自己卑鄙，那些坏人，犯下滔天罪行的人，往往相信自己正在从事一项高尚的事业。那些真心认识到自己恶劣一面的人，反而不是那些大恶之人。

关于自欺，我就说这么几句，这个题目有很多讨论，有位青年教师刘畅，从前是我的学生，这几年一直在做这个题目，大家可以搜一搜。[1]

---

[1] 参见：刘畅，《理解自欺》，《云南大学学报》（社会科学版），2019年第18卷第2期，第5—18页。——编者注

## 自我屏蔽

我们看自己的时候，比较容易看到高尚的、说得出口的那一部分，而说不出口的那一部分，我们渐渐就少看了乃至不看，最后干脆忘了。这就成了自我隐瞒、自我屏蔽。有些东西在很深的地方已经被屏蔽掉了。但你又不能说他不知，有点像盲视，从他行动上看他是知道的，但理知要透视它呢，它被屏蔽了，你要是问他，他真的不知道。自欺还是能发现的，自我屏蔽来得更深。说起这个，不妨说，每个人在不同程度上都是对自己讳莫如深的。在弗洛伊德的理论里，自我屏蔽是个常态，而不是一个特殊的状态，比如你童年受过一种伤害，后来你完全遗忘了。我年轻时处处不如人，但是后来混成了一个大领导，你听我说往事，都是怎么光荣、伟大。我们的记忆不断在重新构造，就形成好多好多屏蔽。那些让我们感到很不舒服的事情，我们会把它们压抑到潜意识里，这种自我压抑过于极端了，就会造成心理疾患、精神疾患。按照弗洛伊德的理论，心理疾患都是这么造成的，真实的自我跟我们自己愿意接受的自我对不上，严重扭曲了，你不了解那个在真正起作用的自我。然后他的心理分析，就让你把这个真相回忆起来，最后问题解决了。自我欺骗、自我压抑之类的理论本来在很大程度上不是弗洛伊德的原创，叔本华、尼采在他前面都讲到过，只不过弗洛伊德讲得更系统，他的理论出台的时间也对头，影响就格外大。弗洛伊德的精神分析理论，见仁见智，就我的了解，现在心理学界全盘接受这个理论的人不是太多了，很少有人单纯使用精神分析法来做心理咨询了，但不管怎么说，我们仍然能从弗洛伊德理论那里得到很多启发。

## 自我认知是痛苦的

人们常说，要发现真正的自我，但那不像是发现宝藏似的，让人手舞足蹈，发现自我往往也就是揭发自我欺骗，穿透自我屏蔽。我们自我欺骗，就像普普通通的欺骗一样，是因为欺骗给我们带来某一类好处，例如，把自我骗住，心里好过一点儿。揭示真相是个艰苦的过程，揭示自己的真相也许不仅艰苦，而且痛苦。你事事都有个高尚的动机，要认下来你其实不是那么高尚，这往往需要相当的勇气，且不说还要同时认下来，你不是那么诚实。自我认知并不都像照镜子化妆那么轻轻松松满心愉快，它可能撕心裂肺，是一个自我鞭挞的过程。当然，你认识到自己的真相，将来你有可能做得更好一些。不过，这个更好一些也并不意味着将来你就轻松愉快一些。

那么，自我认知的动力从哪里来呢？这不是一个容易回答的问题。我眼下想到的，是我们这个课程最早提到的亚里士多德那段话：人依其本性求理解。只有真实才能为理解提供保障，只有明白了真相才叫活得明白。正是在这个意义上，我们需要某种自我认知和自我揭示。话虽这么说，人的本性里有好多别的，懒惰、畏难、自满，还有其他很多，都妨碍我们去认识自己。

儒家有一个源远流长的自我认知和自我揭示的传统,所谓"吾日三省吾身"。曾子说"吾日三省吾身",孔子觉得"三省"有点多了,每天两省差不多。为什么是三次多了,两次正好,这个要问经学专家。台湾有位叫王汎森的学者,是余英时的学生,他写了一本书,其中讲到明末清初的省过会,[1]那种自我反省到了极严厉的程度,把自我认识比作自我惩罚也没有什么不妥。儒家之外也讲自我认知,老子讲"自知者明",庄子讲"知其已知",那也是一种自我认知,不过,道家讲认识,讲自我认识,好像更多讲获得真知的愉快的一面,因为明白了而豁然开朗的一面。

## 面具

我们通过不断反省来认识更真实的自我。但是,你认识到哪一天,才认识到了真实的自我?要看到多"真",才叫看到真相?说到真实的自我,我们格外要当心的是,我们不要又回到现成自我那里去了,好像打破了屏蔽,有一个真实自我在后面。我们一上来就希望不落入现成自我的俗套,但是真正做到这一点并不容易,事情往往是,你意识到一个错误,你从前门把它赶走了,但它又从后门溜进来了。我们通常设想的是,我们社

---

[1] 参见:王汎森,《权力的毛细管作用:清代的思想、学术与心态》,第 5 章,北京大学出版社,2015。——编者注

会上的人，总戴着一副伪装，一副面具，我们真实的自我藏在面具背后，揭开这副面具才能看到真实的自我，摘下面具，也就看到了真实的自我。可是谁知道呢，也许事情竟像尼采说的那样，摘下面具，后面是什么？——另一副面具。这话要表浅理解起来，意思似乎是说，根本没有真实自我这样一种东西，但也许我们可以有另一种理解：真实的自我不是像木乃伊一样是个现成的东西，把缠在外面的布条解开来，就看到真实的自我了。

说到面具，我们首先想到的是伪装。这是它的衍生含义、隐喻含义，面具，在拉丁文里是 persona，本来呢，演员在演戏的时候戴着，标明一个特定的角色。person 这个词我们通常译成人格，也有译作位格的。人格是慢慢形成的，在形成人格的过程中，我们需要掩饰一些东西，克服一些东西。我们最早是什么样子？你看过你 2 岁时的录像吗？没录像没关系，父母可以告诉你，不像你现在西装革履的样子，饿了就哭就叫，随地大小便，这是你最早的样子。你现在肯定不是这个样子，你逛街，忽然内急，你到处找厕所，而不是解开裤子就尿，甚至不解开裤子就尿。你要是正在陪同一位客人，你还可能不显出内急的样子，若无其事东张西望，其实是在找厕所。反正，你并不想摘下你的 persona，回到你的"真自我"那里去。随地大小便，这叫真率吗？疯人院里能找到好多这样的真率。当然，你 2 岁的时候，随地大小便的时候，还没有自我，自我是慢慢形成的。你成为 person 的过程，可以说一层一层地改造了你自己或者掩蔽了你自己。最后，你是个 person 了，somebody，但这个 person 也可能仍然在形成的过程中。

我们都知道，人世间有很多虚伪，十来岁的孩子就开始意识到，人很多时候是戴着伪装的，戴着面具。揭示出真实下面的虚伪，说人戴着面具，这用不着很大的眼力，也不是事情的终点。鲁迅评论陀思妥耶夫斯基的时候说过一句话，说他揭露出了真实下面的虚伪，虚伪下面的真实。这话我不止一次引用过，前几天我跟周濂在清华大学有一个小对谈，他还提起这句话。看到人世有它伪装的一面并不难，人不能过了 20 岁还一味以能看出人世虚伪为能事，这个容易，你去看，满世界都是。难的是看到虚伪下面的真实。你明明饿极了，可是，他一副傲慢的样子赏你口饭吃，你可能忍着饿不去吃，甚至一副饿不饿无所谓的样子，你不受嗟来之食，你只是在伪装吗？这下面有某种真实的东西，有一种尊严。生活中有很多不得已的东西，不得已的东西才是最真实的。看到真实下面的伪饰，这个比较容易，难的是去体察人生的不得已处。

当然，虚伪是虚伪，尊严是尊严。这正是我要说的：难的是学会区分什么是虚伪，什么是尊严。

## 自我建设

不过，我要讲的要旨则是，无论真实、虚伪、尊严，都不完全是一辆坦克披上伪装衣那样，外面是一层伪装，揭开伪装，下面是真家伙。我也并不相信，像弗洛伊德主张的那样，借助心理分析的办法，还原出童年生活的真实情况，就能消除精神障碍，让病人或来访者重新恢复健康的人格。这是他的理论。他的实践呢？他治疗的案例本身不多，十几个案例，后人对这些案例的追踪表明，没有一个案例是真正成功的。我自己对传统的心理分析的确不那么信任，不过，真的只是个人看法，不能当作严肃的判断。我不懂心理学，这里也不是在研究心理学，我所想的是些一般的问题。

比如，如果自我欺骗、自我屏蔽是十分广泛的现象，我就会怀疑，它们有某种积极的功能。要是这种心理倾向的最后结果是造成精神疾患，按照演化思想——我们就先这么大致说吧——它们似乎会在演化过程中被淘汰，至少不会变得那么广泛。可我们经常听人说，每个人都在自我欺骗。我在想，我们遗忘某些事情，扭曲某些过去的情节，是不是也有某种正面的功能？就像我们正常遗忘一些事情一样——不断遗忘是我们生存要求的一部分。你们都听说过这样的案例，有人什么都记得，无数细小的生活细节，摆脱不掉，那是一种障碍，当事人痛苦极了。就跟我们现在读微信似的，一天那么多信息，你都记在脑子里你脑子就炸掉了。你当了大领导，人模人样的，从前那些糗事都不记得了，记得那些事情很不爽，有意无意忘了，这种自我屏蔽明显有一种保护作用。不过我要说的还不是这种简单意义上的心理保护，我想说的是，自我要把我的方方面面连贯起来，以便更加合乎逻辑地应对我面临的世界。他小时候尿床这事儿为什么非要在这个逻辑中占有一席之地呢？毕竟，所谓方方面面，说起来，有无数的事情发生过，没有什么逻辑能够把所有这些都贯穿起来，也没有这个必要。

自我认识出现在很多层次上，从你作为现实世界中的行动者到你的自我理解，从日用而不知到有完整一贯的自我理解，中间隔着好多好多层。每一层上都有正确与错误、揭示与自欺、融贯与混乱、合理与悖谬。在这些层次中，最重要的一层应该是叙事。叙事中的那个主人公有一个多多少少稳定的形象，否则叙事就乱掉了。我跟一些朋友讨论政治活动的时候，曾经注意过政治人物的自我形象，在分析政治人物的时候，他的自我形象不可或缺。政治家当然都非常功利，做事总考虑效果，但这不是他唯一要考虑的，他的形象是参与政治生活一个特别重要的因素。你是个共产主义者，你是个自由主义者，这个形象是你取信于人的重要方面，别人依照你的这种形象来理解你，来跟你合作。有些事情你一定要做，有些事情你一定不能做，否则就成了机会主义者，失去伙伴和民众的信任。这里说的不是你信不信共产主义理论，那你得真的去弄懂马克思或列宁，而且理论各有各的理解，这里说的是"我是个共产主义者"这种形象。

政治人物如此，我们在比较不那么明显的意义上也是如此。我们都有关于自己的叙事。叙事呢，必定跟当前时代的叙事风格连在一起。你的自我理解跟当代人怎样理解一个人是连在一起的。哪怕你的自我形象是个古人，你也是现代人叙事中的那个古人。

就此而言，自我总是被组织起来的。弗洛伊德认为，挖掘出自我的真相可以消除心理障碍，他的真实自我又落入了现成的、对象化的自我。我不认为在那个意义上有个真实的自我。问题似乎不在于我们在组织自我的时候会删掉些什么、会改变些什么，而在于我们是不是组织起了一个健康的自我。尼采有个想法，人应该把自己的一生做成一件艺术品，把其中丑陋的东西删掉，或者通过某种组织，让它成为整体美的一部分。[1]我不认为人生真可以是这样的，但他这个想法很有吸引力，我刚才说的叙事，跟尼采的艺术品有几分相似。尼采的想法值得展开来讨论，只可惜眼下没这个机会。只说一点最浅近的吧，艺术品有做成的那一天，所谓作品；生活没有完成的一天，我们面对的世界在变化，我们在世界中的位置在变化，自我需要不断重新组织。用流行的话说，自我是不断建构出来的，不过，流行的建构主义问题多多，"建构"这个词带上了一种凭空编造的意思，我个人觉得不如用"构造"，或者干脆用个老词——"建设"，我们不断重新建设自我。你拆除一些，改造一些，新建一些。人面对的是未来的生活，他并不是为了过去的真实而生活，他需要建设一个适合他未来生活的自我。这个自我建设是自我生长或自我发展的一个必要。艺术家要的不是压抑，而是升华。你可能建设起一个健康的自我，它能够胜任愉快地来面对这个世界，但是它也有可能扭曲了、压抑了，是个病态的自我，不能很好

---

[1] 参见：尼采，《快乐的科学》，第 4 卷第 290 节，黄明嘉译，华东师范大学出版社，2007，第 275—276 页。——编者注

地面对它所面临的现实。这时候，我们可能就需要弗洛伊德来帮忙了。

我们还可以从这个角度来谈历史，一个民族的历史总是在被不断地重新书写。不要设想哪个国家宣扬的会是一部完全真实的国族史，一个国家虽然程度不同，它的"正史"或多或少都会"歪曲历史"。当然，每个民族承受历史真相的能力也不同。

一个真实的自我不是要把所有发生过的事情都包括进来，你其实也不可能总是真实地记住你所有的事情。一个人能够容纳的真实的分量也不是同样的，有的人能把更多的真实容纳进来，能让更丰富的内容贯通。继续使用艺术作品这个比喻，那就是一个内容更加丰富的艺术品。

我零零星星讲了自我认知的几个方面，每个都只是开个头，讲得也比较乱，不大容易概括。也许我最想提示的是，自我认识有时像是自我揭露、自我惩罚，有它严厉的一面，但另外一面，你通过合理的自我认识可以建设起一个健康的自我，用流行的话说，你跟你自己达成某种和解，于是你更有力量去应对你现在面对的任务。

## 问答环节

问：真的存在不受影响的客观实体吗？像电磁场这样的概念，都是我们人抽象出来的概念，这样的东西真的存在于我们的概念世界之外吗？

答：这是个经常被提到的问题。宇宙大爆炸受人类认知的影响吗？那时候还没有人，怎么受人的影响呢？但你说，只有我们人才把那认识为大爆炸。这里似乎有点儿什么可想的，实际上也有很多很多讨论和争论。不管怎么争论，直接说宇宙大爆炸的过程受人类认知的影响大概还是不那么妥当。我没敢讨论这么艰深的问题，不管这个问题的答案是是是否，我想我们还是可以区分"珠穆朗玛峰的高度"和"某人或某民族是否快乐和幸福"，即使你最后成功论证了我们的认知会改变珠穆朗玛峰的高度，那也是另外一种改变。

问：陈老师，我有一个根本的问题：我们为什么要认识自我？
答：你为什么需要认识自我呢？或者说，你为什么要反思自我呢？不知从哪里说起，一时冒出来的想法是，为了达到个人完整性。第一，在理知的层面上达到个人完整性。当然，人可以只在日用而不知的层面上拥有完整性，但人是有理知的，他当然也希望在理知层面上达到完整性。第二，理知层面的完整性可以帮助我们在实践层面上达到完整性，尤其当我们面临陌生的环境，我们的经验不足以帮助我们达到完整性。

问：可能像尼采说的，面具后面还是面具，并没有虚伪下面的真实，那就根本没有自我这回事。实际上，佛教和物理学一样，结论是无我。

答：无我这种议论比较玄奥高深，光讲讲不大清楚，得去修，不适合在课堂上多讲。我只回应一点吧，说佛教和物理学相通，都无我，这恐怕不太对路。佛教无我，也无物，本来无一物；物理学无我，但机械存在物一样都不少。

问："认识自我"基本上就是看到自己哪些不足，要去改进，但要认识到自己不足，需要有标准。比如说，我从小就在党卫军里生活长大，我接受的道德和正常人类社会的道德就不太一样，和其他的一些普世的价值也不太一样，我的标准就是错的，我怎么改进自己呢？

答：是啊是啊，越"改进"越糟了。这位同学提了个很有意思的问题。先说一点啊，你说"认识自我"是要认识到自己的缺陷，然后加以改进，这么说也对，可怎么听着比较像中学德育课上的说法啊。别介意，我开玩笑啊。我们为什么要认识自己？我更愿意说，我们就是"好"认识自己，不为什么，就像亚里士多德在《形而上学》的第一句话：人依其本性求知。当然，你说认识到缺点以便改进，也没有错，但窄了一点儿。也许你后来还认识到，你的缺点是跟优点连在一起的。

但这不是重点，这位同学的重点是，如果你在一个错误的环境里长大，这是一个很实在的问题。有好多可说的，我一时想不好挑哪几点来说。随便说一两点吧。你这个问题加深了我们的理解：自我认知是和认识世界交织在一起的，你要认识自己，这包括认识到世界在哪里是对的、在哪里是错的。但若这个世界整个错了呢？我猜想可以往两个方向上想这件事。一个是，没有哪个世界是完全错了的。你举党卫军这个例子，举得好，因为我们把纳粹德国视作一个全然邪恶的国度。我一点都不喜欢党卫军，但我还是想说，我们大概把纳粹德国高度意识形态化了。这个我不多说吧，有些文学作品、回忆录、历史书，你可以从中读到更真实的历史是什么样子。纳粹犯下了不可思议的罪行，但那个时期的德国生活并不是整体上不可思议的，好像环境不正常到了只有邪恶的程度。在那个环境里还是有善恶，你还是可以学会去分辨善恶。高尔基这个作家你们还知道吗？去翻翻他写的《童年》，那个环境简直恶劣透顶，高尔基就是在这样一个恶劣的环境中成长起来的。

这我就说到了第二个方向，我们不说普世价值吧，一个给定环境里的善，也许远远不够至善，但在那个环境里，可能你能做到那点儿善已经很不容易了。有时候，我会觉得，那比在一个正常社会里挺善好的还要更让人动容。其实，我本来就不认为有一种抽象的善，以及对这种至善的认识。我说的是带有解放性的认识，不被这个环境完全限死的认识。

问：我觉得"自我认知"很多时候要跟他人产生某种连接，有的时候你能看到别人不得已的、那种很深层的东西，能够产生比较真实有效的连接。我觉得人之所以有虚伪的一面，就是因为他不想被看见，他肯定有恐惧，然后他才会伪装，但是他又想被看见，因为他是一个人，他想别人懂得他，所以我们要怎么样去产生这样的连接。您在跟周濂老师的对谈里说要宽容，去理解，但是这也是需要过程的，要花时间的，特别是有时候要碰运气。

答：这位同学说得特别清楚，我都同意，比我表达得好，所以我没有什么要补充的。她最后说"有时候"要碰运气，我把这听成委婉的说法，我相信差不多事事都有点儿运气在内。我翻译过威廉斯的一篇文章——《道德运气》，你可以读一读，把它当作起点，有很多可以进一步思考的。近世人们讲"选择"多，讲运气少，所以，讲讲运气，讲讲"被抛"挺好的，不能只讲"选择"。"选择"有点儿外在，深入到自己的生活中，深入到"自我"之中，选择的影子就慢慢淡了。

问：我们在一个信息高度自由流通的时代，所以成功变得特别难。在《何为良好生活》中，您也提到了知行合一，但是我在践行的时候发现，正因为信息的高度自由流通，所以我看到的都是知和行的分离，请问在这样的时代是否还倡议知行合一？

答：现在信息高度流通，所以成功变得非常困难。我听到大家笑。别笑，还真是这样。信息流通，造就了现在所谓的头部效应。举个例子，以前我们有好多小门店，后来信息高度流通，我们都选择马云，在网上货比三家，很容易知道谁的货好、谁的最便宜。所有的人都跑到马云那里去买东西。马云赚的钱是谁的？不是我们消费者的，消费者反正是要付钱的，现在我们付钱买到了最便宜的，节省了时间。马云赚的钱都是那些小老板的。"一将功成万骨枯。"所以，你们年轻人要有准备：信息流通会使你们这一代更难成功，因为本来可以有小成功、中成功，可现在，你们是要么大成功，要么不成功。我说得很夸张，但可以比较清楚地说明这个区别。

讲到信息流通得特别快，当然不只是让成功变得困难，我更关心的倒是让建设自我变得更加困难。我们现在有点远近不分，好像发生在纽约的事，发生在南非的事，就像发生在家门口一样，分不清哪些是跟我切身相关的。我们每个人现在的确需要下点功夫，把我们的关切重新组织一下，我们要了解全世界的事情，但我会建议把遥远世界的信息放到它适当的位置中去。当务之急是重新确立能够感知和能够接触的世界。

至于怎么连到言行合一上的，我真的没跟，就不回答了。

问：老师，您说在数字化时代，更难找到个人生活的意义，我也有这个想法，但想不清楚，您能多说几句吗？

答：你提这个问题，我一下子有好多想法涌上来。方方面面，无法多谈，我讲一个方面吧。前不久思勉研究院安排我跟几位优秀硕士生做了个对谈,谈到一个挺普遍的处境,就是现在的年轻人好像竞争格外激烈。这可不是自由竞争,只有竞争,没有自由。现在的中小学生,甚至大学生,十几年二十年,几乎没哪段时间是自由自在的,这可能是最让人沮丧的。而且愈演愈烈,我这几十年接触一茬又一茬的年轻人,每一茬学生说起比他们小5岁、小10岁的孩子,都感叹相比之下,自己那一茬多一点儿自由自在。我觉得你们现在最大的问题是,很多人可能从来就没过过自由自在的生活,学习和生活都不是自由自在的,什么都网格化了。

现在的孩子,日子比我们不知道好多少,就说教育吧,从小就有这么好的教育条件,学钢琴、学游泳,学什么都有正规训练,从开头就上了道,但孩子不能总在道上啊,他需要在没道的地方、在野地里乱跑乱跳。你们从小就学到好多知识,本来知识对我们是一种解放,但学习目标太明确了,知识可能变成了一种束缚。生活的道路不能像现在的公路系统那样,什么都标得清清楚楚,哪里可以并线,哪里并线就违章,哪里可以掉头,哪里不允许掉头,标得那么清楚,你这个人生就没法过了。要是我们的社会一路往这个方向发展的话,那就没意思了。某种意义上,社会给不竞争也能好好过自己的人生的人留的余地越来越少了。你当然仍然是可以做到,昨天我跟一个人聊天就说到,你要是颜回你就能做到是吧?但拿颜回说事儿,这个要求有点高——别人都过好日子，你不过。

很多人都在说，现在的孩子从小就处在竞争的环境中。是现在的人更爱竞争了吗？我觉得不是。是周边环境把生活规定成了竞争。怎么说呢？每样东西都被数字化了，这意味着，每样东西都有明确估值，甚至可以说，所有东西都标价了。比如智力，从前也分聪明、傻，现在有了智商数值。方方面面都有明确估值，不仅是更精确了。聪明、傻是连着语境的，自然而然，你这方面聪明那方面傻，但智商就像是普遍指标。这个比较讨厌，有论者说，计数就意味着比较。[1] 就说这个"比"，咱们俩考试，结果你 89 分，我 88 分，我不想跟你比，但分数标好了，比不比也隐含着"比"。从前也分成绩好、成绩差。现在，天天测验，天天有明确的分数。几个朋友结伴去黄山游山，你我都挺高兴的，就挺好，没谁说你高兴到 89 分，我高兴到 88 分。

现在，人从小都无时不在竞争之中，这不是说，现在的人竞争心格外重，我们那时候竞争心没那么强。讨论的时候，有一位同学说，我们要多从社会而不是个人来看待这个区别，我特别认同这位同学，可能比他自己还认同。个人自己的事自己去反省，但是当身边各种事物全部被明码标价之后，无

---

[1] "计数实际就是比较……说出 32 这个词，就意味着你在不知不觉中已经进行了一次比较：它要比三双手手指的数量多一些。比较始终是关键所在。"出自：保罗·洛克哈特，《极简算术史：关于数学思维的迷人故事》，王凌云译，上海社会科学院出版社，2021，第 3 页。

论你喜欢竞争还是不喜欢竞争，你都已经处在一个竞争的环境中。哪怕你不爱竞争，你不竞争，你也被设定在竞争环境之中了，甚至各种各样的人生道路也都标明了数值。我到学校来，校门里有一块牌子，上面写的是对学生的期许吧，一开头就说"志存高远"，天天跟这个比跟那个比，怎么个高远法？没有远处的方向，身边却到处标明了数值。我说了，不要多怪罪个人，主要是时代的问题，然而，问题最后毕竟落在我们每个人身上，需要我们每个人去思考、去应对。

20世纪80年代的时候，这个世界还没有标价，至少标价不清楚，比如，学哲学值多少、学经济值多少，当教授值多少、当处长值多少。人们会更多出于自己的爱好去选他做什么，而不是看标价。有位同学总结得好：你们80年代的人有方向没道路，我们现在有道路没方向。说到意义流失，这恐怕是一部分。

当然，人类面临的困境总有很多相同之处，80年代初《中国青年报》发过一篇文章，文章的题目就叫"人生的路怎么越走越窄"，后来引起很热烈的讨论。你我两代，年轻人都面临很多同样的问题，我把差异夸大来说，让差异看得更清楚一点儿。

问：刚才您讲到认识过程也是在改变自我，所以，我觉得说这是"认识自我"不太对，应该说是"选择自我"。人生有各种不得已的地方、痛苦的地方，人在痛苦中会变得邪恶，但人也可以在痛苦中变成英雄,这要看你自己怎么选择——选择如何建设自我。

答:我觉得我有点儿明白你的意思,也有点儿同意。不过,"选择""自我",这些都是大词,they may mean something,也可能不 mean anything,用这些大词说话的时候,人们可能脑子没过任何东西,就是从词到词。我尽量去理解它有某种意思,理解下来,我首先想说,"选择"这个概念很宽,一端是计算,一端是决断。选择的一端,体现在什么都标价好了,比如,做金融工资是多少,做教师工资是多少,在这时候,一个人的选择就有点接近于计算。选择的另外一端,我举个例子,比如,一个人在山里头迷路了,有两个方向可以下山,可你完全不知道前面会有什么,这时候做选择就跟冒险更接近。所以,选择是一个挺宽的概念,一端连到了计算,一端就连到了冒险之类的,都说"选择"就掩盖了这里的重要区别。总的来说,在 80 年代我们年轻的时候,更接近于在山上瞎闯的那种选择。那时候我们的自由感是那种自由感,你们的自由似乎是另一种自由,道路摆在你们面前供你们选择,但每条道路都标好了分值。这是两种自由,它们的质地和味道不一样。计算当然是有好处的,算出来了,都清楚了。但这个"清楚"有时候会带来一种很奇怪的结果,比如大家常说的人生意义什么的,往往是,有意义,但不那么清楚,都弄清楚了,反倒没意义了,只有计算了。问题在于——说句鸡汤——哪儿需要清楚，哪儿不能太清楚。

至于说选择自我，我想首先要考虑到，选择自我的时候，是"自我"在做选择。这跟你选择这件衣服还是那件衣服不一样，"选择"是个比较外在的提法，用在你选身外的东西的时候比较适用，用在"选择自我"上就很复杂。我们一般不把"自我"用作宾语，用作宾语很复杂。你在树林里散步的时候，两条路里选一条，诗人用这个来比喻人生道路的选择，但这个比喻不能引申太远，因为你怎么选择人生道路，这是你自我的一部分，同时，你选定的道路也变成了自我的一部分。你年轻，可能体会不深，你的一生不是由一系列选择构成的，真正让你难以割舍的东西，反而是你被抛入的——你的家乡，你的祖国，你的家庭，你不期然撞上的人和事。它们以你不曾料想的方式构成了你的"自我"。关于"选择"这件事，我在《何为良好生活》这本书里谈了一点，也许可以供你参考。

第十一章

# 自知与信心

## 自我认知作为自我的一部分

我们说到正确的认识,最关键的一点似乎是,正确的认识就是认识到事物客观所是的那个样子,它不改变对象,完完全全是由对象决定的,认识者没有往里添加任何东西。之所以一说到认识,就想到"看",正因为"看"的一个突出特点就是"看"通常不改变认识的对象。认知者不改变被认知者,这是正确认知的基本定义。这条沟宽两米,我认为它宽一米半,你认为它宽两米半,它还是宽两米,不管我怎么认识它、你怎么认识它,沟有多宽这件事情是不跟着我们的认识走的。简单地说,认识不改变被认识者之所是(being)。

你不去影响被认知的对象,最简单的办法是站开远一点。跳到庐山之外看庐山就比较客观。前面说到过,客观里的"观"这个字把我们引到视觉上,引到远距离感知上。我们说到看的客观性,再加上远距离的旁观,让我们更觉得视觉客观。

我们说"认识你自己",也一样,你对自己的认识不改变你的所是。我智商88,可我自认为自己很聪明,智商120。遗憾的是,不管我怎么认识,我也改变不了我的智商,要是我的自我认识能改变我的智商,那可太妙了。

但我想说事情不尽如此,我不是一个特别喜欢捣蛋的人,但我还是要说事情不尽如此。我们讲自我认知,一个主旨是,自我不是一个现成的东西,我们像认识一个对象那样好好端详它,好像在镜子里端详自己。实际上,在镜子里端详自己,也不只是对现成事物的认知。你照镜子,照镜子干吗?你要去参加一个舞会。我们说照镜子是一种相当对象化的自我认知,但背后有不那么对象化的事情。我们曾经说,认识身高不是自我认识,其实也不尽然,你量身高,因为你想参军,或者,你想报名参加学校的篮球队。你对自己是什么样子的认知,明着暗着跟你如何行为举止是连在一起的。你要是认为自己是个高个子,你就会认为你挺适合打篮球的,学校组织篮球队你就去报名了。

我如此这般地认识我自己,我就会如此这般去行为举止。刘擎认为他长得很帅,他就像个很帅的小伙儿那样行为举止,一副得意扬扬的样子;我认为自己长得很丑,于是我知道我只有靠善良才能让别人接纳我。这些都是正确的自我认识,很好,如果我像刘擎似的,自认为很帅,处处显得像个帅哥似的,"真可笑,他还以为自己是个帅哥呢",我就成了个怪可笑的人。这个可笑是由我的自我认知造成的。我们都是有缺陷的人,你认识到自己的缺陷,你就会少张狂一点儿,说不定还能够多多少少克服这些缺陷;你认识不到自己的缺陷,觉得自己好了不起,你的这样一种认识也是"你是什么人"的一部分,你这么认识自己,你就是一个得意的、张狂的人。

我年轻的时候以为自己聪明得很,无所不知,后来我认识到自己其实智力平平,比起我的同行,我知道的那一小点儿实在不算什么,我的认识改变了,我也就成为一个不一样的人。这岂不是说,我们的自我认识改变我们的自我?这里说的还不是,我认识到现成的自我是什么样子的,然后我改变它,就像我认识到水沟我跳不过去,然后填平它。这里说的是,随着认识的改变你就改变了。我自以为是,这种愚蠢是我的一部分,但后来,我改善了我的自我认识,不那么自以为是,于是,我不那么愚蠢了。

前面引用过海德格尔的一句话:对存在的理解是此在的一部分。说到这里,这话应该比刚才的理解更有意思一点。这话就不只是说,有一个现成的自我,此外还有我对世界和我自己的认知。现在我讲的不再是现成的自我再套上我的认知。

## 两类认知

实际上,不仅自我认知是这样,我们对世界的认识也可能改变世界,我说的不是,我们认识了世界然后去改造世界,我是说,对世界的认识本身可以是世界的一部分。我们并不总是站在世界之外看世界,即使说到一条水沟也是这样,一条沟有多宽,并不都是用数字来标注的,我们也许不说两米宽还是一米五宽,我们说宽窄。宽窄这样的描述跟两米和一米五是不一样的。一米五和两米是没有语境的,宽窄是有语境的。对我们成年人来说,一米宽的沟是窄的,对一个孩子来说就很宽,不像两米宽,对谁都是两米宽。你读《庄子》,它的每一句都告诉你,从这个角度看泰山很大,从那个角度看泰山很小。一条沟宽两米,不因为你这么认识还是那么认识有所改变,它是不是太宽了,这跟你的认识有关系。宽还是窄、帅还是丑,不能够完全量出来,这还不是说,测量起来很麻烦,更多是说,它们是跟环境连在一起说的。我在别处说过,成绩好还是成绩坏跟 76 分还是 78 分没有直接关系。在这个学校就叫成绩好,换个学校就成绩一般了。帅和丑当然就更是如此。你长得有点儿胖,觉得自己不漂亮,但你要生活在唐朝,觉得自己美得很——当然,也不能胖得走形儿。在一个时代或一个国度被认为帅,比如在我们国度,小鲜肉被认为是最帅的,在美国铁锈地带,你说这小鲜肉真帅,他们不知道你在说什么。宽两米就不一样,这跟自己的看法、别人的看法都没啥关系。

说到语境,说到周边环境,我们好像还是单纯从认识方面来说的,但最重要的语境也许是:宽和窄跟我们的行动相连,跟我们要干什么连着。我现在想知道这条沟有多宽,我干吗要知道这个?因为这条沟横在路上,挡住了我的去路,我要知道它多宽,是我想我能够不能够跳得过去。就像狐狸要吃兔子它才看得见兔子的脚印,我在目测这条沟有多宽的时候,我是连着对自己的跨越能力在进行认知。我们不是单单在认知这条沟的宽度，在一个连带的意义上，我们也在感知自我。我说这条沟窄，我身高一米九，一跨就过去了；他说这条沟宽，他小短腿，他跳远只能跳 80 公分。我们刚才就说到了，我们一直在说照镜子，其实，我们照镜子，通常也不是为了单纯的自我认知，而是为了刮胡子、理头发、涂口红。我们并不总是作为测绘员在测绘这条沟的宽度，甚至你可以说，测绘员要测绘这个事情也是为了做点什么，只不过不是他做什么，而是施工队做点什么。测绘这份工作被独立出来了，他的专职工作就是认知世界——客体化地认知世界。客体化地认知世界后再干吗，这事儿不归他管，会有人管。测绘员是我们这个工程队的眼睛，单管测量，后面还有人来建路搭桥。测绘员不说宽啊窄啊，他说 20 米，但这背后，还是要确定它有多宽。

我们一开始说，人们谈到自我认知，往往套用的是客体认知的模式，好像认识自己和认识世界是平行的、同构的。接着往下说，我们似乎在说，认识自己和认识世界是很不一样的两种认知。但转了一圈，又绕回来了，似乎认识世界跟自我认知也没那么大区别，只不过，这一回，不是把客体认知的模式套到自我上，而是倒过来，把自我认知的模式套到对世界的认识上。这的确是我的思路。也可以这么表述这条思路，区别不在于认识自己还是认识世界，在于有我之知和无我之知。我们若做一个区分，实际上不在于这边是认识自我，那边是认识世界，倒不如说，我们需要区分的是，你把什么当作纯粹客体来认知，把什么当作跟我相连的事情来认知。我把后面这一种叫作有我之知。有我之知这个提法有时会误导，不过，你要只说那么几个字，一个 catchword，或者一个金句什么的，当然很容易误导。自我认识不是像所谓的科学认识、外在的认识，自我认识不能只是把"自我"当作一个宾语，当作认识对象，"自我"还是个副词，是以"自我"的方式，在"自我"的层面上的一种认识。这样的一种认识并不是把"自我"限制起来，在"认识自我"的过程中，你也在认识他人、认识世界。认识何为快乐、何为幸福、何为良好生活，这些都是自我认识的一部分。我们在前面提过一个问题：自我认知到底是认识我自己，还是认识我们自己？这里有一个他心问题，可以单独讨论，但就我们眼下的关切而言，不必区分是我还是我们。

　　说到无我之知，依照认识不改变对象这个标准，科学最符合这个标准，于是人们认为科学认知是最高的认知。海德格尔不这么认为，在他看来，科学认知是低等的认知，这么说不好，不说低等、高等吧，科学认知是一种对现成物的认知，这是比较简单的认知，虽然可能在技术层面上很复杂，但是不那么纠缠，比如对电磁场的认知，认知两个星球怎么吸引，认知是一回事，被认知的东西是另一回事。自我认知不是这类认知，自我认知渗透在你的 being 里，或者说，你的 being 渗透在你的认知里，总之，你的认知跟你的存在搅在一起。我还会从这个角度来理解"辩证法"。"辩证法"当然不是黑的就是白的、白的就是黑的，而是说，对话者的认识和对话双方搅在一起。

　　说到自我认知，更广泛说到历史认识、政治认识、人生的认识，我们从来都不是也不可能是完全站到人生、世界、历史之外去观看，比如，有时候我们会谈到人民的幸福感，甚至现在党的执政的目标就是增进人民的幸福感，你可能觉得这是个很奇怪的说法，它不是说增进人民的幸福，它是说增进人民的幸福感。但是，它又不完全是荒谬的。这个话题比较复杂，到底是要增进人民的幸福还是要增进人民的幸福感？一部分原因在于，幸福中包含了幸福感，一个人要是没有幸福感，即使他有大车大房子，你也很难说他幸福，他有幸福感，他就可能幸福。简单说，幸福感是幸福的一部分。

这个话题，我有时用两类认知为题来讲解。简单说，一类认知，你的认知不改变被认知的东西；另一类认知，你的认知改变你认知的东西。

这第二类的认知，最好不用视觉来想，而是像手摸石头那样，虽然主题不是你自己的感受，但是你的感受、体会是一定在的。这个话题放在这个上下文中可能要比放在别的上下文中更有帮助。

**禀赋**

你们可能不大读到两类认知的说法，但理解起来应该不是太困难，但这带来了一个问题：你一认识，它就变了。那怎么办？我的自我认识改变我的所是，那我们就永远无法认识我客观上是什么样子了。客观标准当然是有的，有很多客观标准，一条沟是不是太宽，没有脱离语境的答案，但你可以测量，这提供了一个客观标准。聪明不聪明不那么好量，即使有智商测试，测的人并不多，结果也不那么可靠，何况还有所谓多元智能。

不过，智商这样的东西，按照至少一般的情况，我们不需要事后才知道，我们当下就能测试出来。但自我认知，主要不是这些，而是能力、禀赋之类。这个能力、禀赋，你得去做点儿什么，能力和禀赋才会显现出来。你有没有画画的才能，你得画一画才知道。你有没有能力，你得做点什么才知道。因此，往往要等到事情过后再来判断。尤其像高更那种，不是画得还行，而是出类拔萃，这实在没办法一开始就知道，必须画起来画下去才知道。这有点儿像哲学家爱讨论的 disposition，性向，玻璃有脆这种性质，这跟这块玻璃是绿玻璃不一样，你直接看看不出来，摔到地上，立刻碎了，我们就知道它脆。不仅绘画禀赋是这样，其实，认知、知道，这些本来就是一种能力。

你画一画，大家夸你有绘画的才能，不过，也就是一般的才能而已，我们知道，大一半孩子都喜欢画，也画得不错，真正成了卓越画家的没几个。你画得不错，但我们还是不知道你有没有卓越的禀赋，你得接着画下去。当然，也不能一直等到你画出了卓越的画作，那时候就用不着评判你有没有卓越的绘画才能了。但无论如何，你画几笔还看不出你的才能到底有多了不起——传说里倒是有，听一个孩子说了句话，就断定他将来要成大器，传说里有，现实中很难。

到这里还没完，还有进一步的麻烦。一个人最后成为一个卓越的画家，光有禀赋肯定不够，最起码吧，你得爱画，不是得空了涂涂抹抹，是热爱绘画。这个热爱不是那么简单，举个例子吧，你本来想这么画，认为这么画最好，但那么画更受市场欢迎，来钱。这时候才看出你是不是当真热爱绘画。你具有成为卓越画家的天赋，但你后来走了商业路线，画卖得好，你去建大宅子，过高档日子，我不是说这应该受指责，但是你因此就没有成为卓越画家。

说到热爱，又多出一件事情来。很少有人一开始就那么热爱一件事情，受穷挨饿，非要做这件事情。我爱画画，可怎么都画不好，一年、两年还行，一辈子画不好，可我非要成为一个画家，这样的人少见。一般情况是，你爱画画，画得不错，大家夸你，你受到鼓励，更爱画画了，后来，你画得更好了，你还要做得更好。最后，你真的懂得什么叫绘画，人家夸你不夸你都无所谓了，你比别人都更加懂得什么叫卓越的绘画。要我说，卓越都是这么来的。

禀赋不大容易一开始就看清楚，说到这个，画画还不是最好的例子，你是不是真能成为画家，要看好多其他事情，但毕竟，你可以自己一个人去画。换一个例子就不一定，比如说你有没有领导力。你想知道自己有没有领导力，可这个事情，不是你能够自己一个人去试的。靠揽镜自照不行，你需要去做，去行动。也许有人会说，冥想才能达到最深的自我，甚至通过催眠。我们不讨论这个话题，只说一句，冥想也不是揽镜自照，是从一个自我——日常忙碌的自我，沉浸到被日常忙碌掩蔽了的自我。

不好意思，那是另一个话题，我是在说，你在家里对着镜子练习领导力，这种练习没多大价值。你只有在跟别人共同活动的时候才试得出来。你们一伙同学出去旅行，七八个男生女生一起出去越野徒步七八天，回来你马上就知道谁有领导力、谁没有领导力。头两天有人会认为自己有领导力，碰到什么难事儿，他就出来张罗，没人听他的，他还愤愤不平。可大家一直都不听他的，再过两天他就知道自己没啥领导力了。哪怕他很聪明，每次提出的建议也很聪明，但大家不听他的，他就是没有领导力。当然，我说的是一个心智正常的人，也有那种，三年五年，什么事情都搞得一团糟，他仍然以为自己是个卓越的领导。反过来的情况可能也有，他一开始不认为自己有领导力，可大家碰到事情都眼睛看他，三四天之后，逐渐逐渐地，他知道了自己其实有领导力。

当然，我不是说，成功了就证明你有领导力，失败了就证明你没有领导力。虽然就像维特根斯坦说的那样，在这种事情上，没有比成功更好的证明，但仍然，你没有办法单独看待禀赋这个事情。就像威廉斯说的，自我跟世界之网是分不开的。禀赋跟运气连在一起。你本来有领导力，但就碰上坏运气，你怎么办？你得知道很多很多细节，才能够做出比较靠谱的评断。

**信心和决心**

没有投入实际活动，你几乎不可能对自己有没有领导力获得适当的认识。这一点大家应该都想得到，因此，我更想说的倒是另外一点，反过来的一点，那就是，你有没有领导力，跟他有没有领导力不同，这不是一个单纯的判断，这跟你的动机连在一起，在很大程度上要看你有没有当领导的欲望，要看你有没有当领导的信心。一个有意愿领袖群伦的人、自信他能领袖群伦的人，更容易成为一个成功的领袖。反过来，如果你在领导力这方面很不自信，那么，假设你本来具有这种能力，你也会逐渐丧失这种能力。到这里，我是想说，自我认识跟自我之所是有更为密切的关系，不同于我觉得自己身高一米八。

这我就说到最后一点了，这一点我觉得非常重要，好在讲到这里，讲过前面的很多思考角度，理解这一点不再是那么困难，应该是水到渠成了。我要说的是信心、信念、决心。要想把这个事情讲清楚，我得先说说看法跟信念的区别。"看法"和"信念"这两个词在汉语里的分量差别很大，但我们做西方哲学的人往往不区分看法和信念，因为它们在西语里似乎都是 belief。belief 常常译为"信念"，我则更多译为"看法"，在"看法"不合适的情况下，再把它译成"信念"。看法和信念差别很大，或者换个角度，看法和看法差别很大，有的看法只是浮皮潦草的看法，只是个看法而已，你问我奥巴马的医疗新政和特朗普的医疗政策哪个好，我有个看法，但也就是个看法，对此我实在没什么信念。有的看法不是这样，你的世界观、人生观，也可以叫作看法，那可不是你可以这样看也可以那样看，这样看那样看都不那么重要。它指的是深深嵌入你这个人之所是的看法，你要不这样看,你就不是你了。这就是信念了。

在这里,其实我想发展两个论题。一个是,在自我认知这里,在人生真理这里,最后你要达到的是个体的、具体的认识。不过我来不及发展这个论题了,我只做个粗略的对照吧。在物理学里,我们在意个例、中间论证等,而我们的最终目标是普遍定理、普遍原理;在人生思考这里,情况反过来,我们有时会谈论一般原则、某些案例,而我们的最终目标是,认识你自己,希望自己活得更有意义一些,活得更明白一些。

这个论题我就不展开了,集中谈谈第二个论题。信念跟你这个人融合在一起,跟你自处于这个世界的方式融合在一起,跟你要做什么融合在一起。我相信我能做成这件事,这跟你相信我能做成这件事可不是一个相信。你相信我能做成一件事,你是在做出一个判断,我相信我能做成这件事,这是我的信心,虽然其中也包含判断,却远远不止于一个判断。战争片里,你们看过《上甘岭》那种电影吧,首长问:"同志们,有信心没有?""有!"它不是说同志们仔细判断了敌情,判断了自己的能力,最后得出了一个结论:我们能够坚守住阵地。决心的确包含知,如果它没有包含判断——这个人不了解敌情,不知道自己有多少兵力,那么这个人不叫作有决心,这个叫二。是,你需要有良好的判断,但这里牵涉的不只是判断。

我甚至要说,在你有没有决心这件事情上,一个人的自我认识跟他的实际所是难以区分。当然,完全可能,你当时当真认为自己有决心,可是做起来,你的决心却动摇了。但是在这里,我们不能轻轻松松地说，他当时的看法不正确，他的认识错了。出错的是他这个人，他不是一个持之以恒的人，他不是对自己的决心判断错了，他就是个没有决心的人。我们刚才讲到，自我认知同时也是自我构造，换个说法，自我认知不只是个认识论问题，它跟我们的生存问题连在一起。自我认知最后必须连到整个生存结构来说。当然，这是海德格尔的路线。把认识论从生存论割裂开来，认识论就变成只能讨论科学认识了，用这种认识论来讨论自我认知永远是隔靴搔痒。

你要是愿意区分知、情、意的话，我要说，有信心做成一件事情，那肯定不只是属于知这一面，它肯定也包含意志这一面，甚至更多是意志。你说你有决心，你不是在表述一种看法，你也是在表达点儿什么，表达一个决心。我们说到过，"表达"这个词很宽，把日用的、默会的知转变为明确的、专题的知，是一种表达，但这里的表达不只是表达一种知，这不是对现成东西的表达，这种表达是自我塑造的表达。不是说我有个自我，然后把它表达出来，你在一个 context 中表达自己，在这个 context 里，你通过表达塑造自我。你甚至可以说，自我表达实际上正是这个意思。

自我表达不仅仅是表达知，同时也在表达一种意愿、意志。实际上，在决心这里，很难区分知与意。你甚至可以把情也包括进来，把决心视作知、情、意三者的结合体。你可以区分，可以分析，但不要分析来分析去，把事情的原始真相分析没了。信心并不能还原成事先判断，你知我知，你不知我不知，知道不知道是平等的。信心不是平等的,面对同样的情势,你有信心,我没有。我的相信不仅仅是种看法,它连在我的行动上,连在我这整个人上,近乎于意志。认识论讨论人,把人视作一堆看法,有的哲学家则更多把人视作他的意志。

抱有决心的人显然不只是在判断,他体现了一个人对自身从事的 commitment。这里,理智的判断与对自身使命的感知相遇,理智的判断融入了你最深的感情。决心和信心同时表达出一个人要做什么和能做什么,乃至于推到极端,我们可以说,知其不可为而为之。不过,我们不要把"不可为"这话想得太重,因为在这里,要点不在于判断这件事做得成做不成,而在于这就是我决心去做的事情,无论后果。康德所设想的道德行为差不多就是这个东西,只不过,我不愿在这里谈道德,说到道德上可能反而把要点遮蔽了。知其不可为而为之,你也许把这听成一种缺乏信心的状态,甚至绝望的状态,但是,实际上,你看孔子,你去看看当真知其不可为而为之的人,你看到的正好相反,他高兴得很,他充满信心去做。那是信心最饱满的一种状态,他不再犹豫,不再瞻前顾后,去做什么十分明确,环境条件,各种限制,这些都融化在他决心去做的事情之中,融化在他的行事目标和行事方式之中。这并不是缺乏信心的绝望,而是最为饱满的信心。

一开始我们说到自我认识,好像是把自己放到镜子里,放到自己对面审视一番,我来认识自己,就像我来认识一个别人,或者认识一头猪。说到这里,我们应该已经能够看到,通常关于自我认知的这样一种对象化模式离实际情况有多远。自我认知和认识他人是非常不一样的。我说我有决心做成这件事，完全不像你判断我能不能做成这件事。你有决心不仅是看自己，而且意味着你是怎样的人，你是不是一个有决断力的人，你是不是一个能下决心的人。当然，不是那种无志者常立志，而是一种 commitment，一个在行动中持之以恒的人。

这我们就回到了本讲最开头的问题：在当今时代，我们怎么自处？孙周兴老师大家都听说过，前两年，《南方人物周刊》授予孙周兴年度魅力人物奖，同时请我去给他颁奖。我听了他做的演讲，谈的也是这个问题，他给自己也是给听众提出三条建议，第一条恰恰就是，重建生活世界的信念。周兴说："我们已经失掉了神性的信仰，但必须有生活世界的信念——信念是一种定力。我们已经不能指望超验的信仰了，但必须有信念，信仰是绝对的，而信念是相对的。"周兴是农民啦，说得很直白，他说："我们还得相信世界会好的，是有意义的，事物是稳重的，是可以感触的，旁人是可以接近的，人间是温暖的。这样的信念我们都应该建立起来，如果没有这样的信念，我们的生活会崩溃的。"世界会好吗？在一个意义上，这不是那么重要，如果你知道你要做什么、怎么做，那么，世界越来越好，你将这么做，世界变差了，你还将这么做，你这么做，也许世界变差得慢一点儿，变得少差一点儿。但慢一点儿、少差一点儿重要吗？周兴说，"信仰是绝对的，而信念是相对的"，在我看来，我们所能做的，都是相对的，都只是一点点。他说到稳重、温暖、意义，这些的确是相对的、有限的，但这正是我们今天要学会的，我们，整个人类，本来就是有限的，很有限，真相是：只有有限的东西能有意义。宇宙倒是无限，可惜，对宇宙来说，人生当然是无意义的。

自我认知我就讲这么多，这个讲座到这里就结束了，就结束在自我认知这一块。挺好的，遵照黑格尔的指示，我们又回到了哲学的起点，回到了认识你自己。

围绕着感知、理知、自我认知，我东东西西讲了不少，有时讲得比较快，有点儿狂轰滥炸似的；有些可能不很清楚，我自己没想清楚，或者来不及讲清楚；这一块那一块之间也没有完全连好，可能不够连贯；有的也可能讲得完全不对，反正，到不了可以写成文章。但我这把年纪，来不及把这些都慢慢地整理得很清楚，很多论题没有展开，很多深层的思想有待进一步挖掘，这些要留给你们诸位来做了。

我希望的是，还有点儿意思，不那么沉闷。读现在的哲学论文，有时候会觉得作者写论文的时候一定自己觉得很沉闷，但当然，这可能是以小人之心去揣度，也许他自己干得兴味盎然也说不定，那就好，别弄到无论什么话题到他手里就变得特别没劲，好像让事情变得没劲是哲学的主要功能。我觉得有点儿意思的，我就讲给你们听听，你们没完全跟下来是正常的，这里那里得到一点儿启发，或者只是觉得还有点儿意思，就行了。别把任何一点当成不刊之论。

我承认，我是带着自己的倾向讲课的。理知当然是人类的特殊禀赋，作为人，我们不能不珍视自己的禀赋，但人类理知的可贵在于它始终跟感知交织在一起，动物有感知而无理知，适当的结论似乎应当是，人类不仅感知，而且理知，而不是只有理知。真到了无感的理知，那就不是人类的特长了，那是 AI 的特长。带有感知的理知，有感之知，从根本上说，就是连着理解自己来理解世界，连着世界来理解自己，说得更简单一点儿，就是活得明白。